KB178893

과학공화국
화학법정

4
화학반응

과학공화국 화학법정 4
화학반응

ⓒ 정완상, 2007

초판  1쇄 발행일 | 2007년 4월 15일
초판 20쇄 발행일 | 2022년 2월 25일

지은이 | 정완상
펴낸이 | 정은영
펴낸곳 | (주)자음과모음

출판등록 | 2001년 11월 28일 제2001-000259호
주소 | 10881 경기도 파주시 회동길 325-20
전화 | 편집부 (02)324-2347, 경영지원부 (02)325-6047
팩스 | 편집부 (02)324-2348, 경영지원부 (02)2648-1311
e-mail | jamoteen@jamobook.com

ISBN 978-89-544-1365-7 (04430)

잘못된 책은 교환해드립니다.
저자와의 협의하에 인지는 붙이지 않습니다.

# 과학공화국 화학법정

# 화학법정

4
화학반응

정완상(국립 경상대학교 교수) 지음

(주)자음과모음

# 생활 속에서 배우는 기상천외한 과학 수업

화학과 법정, 이 두 가지는 전혀 어울리지 않은 소재들입니다. 그리고 여러분에게 제일 어렵게 느껴지는 말들이기도 하지요. 그럼에도 불구하고 이 책의 제목에는 분명 '화학법정'이라는 말이 들어 있습니다. 그렇다고 이 책의 내용이 아주 어려울 거라고 생각하지는 마세요.

저는 법률과는 무관한 과학을 공부하는 사람입니다. 하지만 '법정'이라고 제목을 붙인 데에는 이유가 있습니다.

이 책은 우리의 생활 속에서 일어나는 여러 가지 재미있는 사건을 다루고 있습니다. 그리고 과학적인 원리를 이용해 사건들을 차근차근 해결해 나간답니다. 그런데 크고 작은 사건들의 옳고 그름을 판단하기 위한 무대가 필요했습니다. 바로 그 무대로 법정이 생겨나게 되었답니다.

왜 하필 법정이냐고요? 요즘에는 〈솔로몬의 선택〉을 비롯하여 생활 속에서 일어나는 사건들을 법률을 통해 재미있게 풀어 보는 텔레비전 프로그램들이 많습니다. 그리고 그 프로그램들이 재미없다고 느껴지지도 않을 겁니다. 사건에 등장하는 인물들이 우스꽝스럽고, 사건을 해결하는 과정도 흥미진진하기 때문입니다. 〈솔로몬의 선택〉이 법률 상식을 쉽고 재미있게 얘기하듯이, 이 책은 여러분의 화학 공부를 쉽고 재미있게 해 줄 것입니다.

여러분은 이 책을 읽고 나서 자신의 달라진 모습에 놀랄 겁니다. 과학에 대한 두려움이 싹 가시고, 새로운 문제에 대해 과학적인 호기심을 보이게 될 테니까요. 물론 여러분의 과학 성적도 쑥쑥 올라가겠죠.

끝으로 이 책을 쓰는 데 도움을 준 (주)자음과모음의 강병철 사장님과 모든 식구들에게 감사를 드리며, 스토리 작업에 참여해 주말도 없이 함께 일해 준 조민경, 강지영, 이나리, 김미영, 도시은, 윤소연, 강민영, 황수진, 조민진 양에게도 감사를 드립니다.

진주에서

정완상

# 목차

## 제1장 연소에 관한 사건  11

## 제2장 전기와 화학에 관한 사건  61

케이 변호사

# 화학법정의 탄생

지구의 작은 나라 과학공화국에는 과학을 좋아하는 사람들이 모여 살고 있었다. 과학공화국 인근에는 음악을 사랑하는 사람들이 사는 뮤지오 왕국과 미술을 사랑하는 사람들이 사는 아티오 왕국, 공업을 장려하는 공업공화국 등 여러 나라가 있었다.

과학공화국 사람들은 다른 나라 사람들에 비해 과학을 좋아했지만 과학의 범위가 넓어 물리를 좋아하는 사람이 있는가 하면 화학을 좋아하는 사람도 있었다.

특히 과학 중에서 환경과 밀접한 관련이 있는 화학의 경우 과학공화국의 명성에 걸맞지 않게 국민들의 수준이 그리 높은 편이 아니었다. 그래서 공업공화국의 아이들과 과학공화국의 아이들이 화학 시험을 치르면 오히려 공업공화국 아이들의 점수가 더 높게 나타나기도 했다.

최근에는 과학공화국 전체에 인터넷이 급속도로 퍼지면서 게임에 중독된 아이들의 화학 실력이 기준 이하로 떨어졌다. 그것은 직접 실험을 하지 않고 인터넷을 통해 모의실험을 하기 때문이었다. 그러다 보니 화학 과외나 학원이 성행하게 되었고, 아이들에게 엉터리 내용을 가르치는 무자격 교사들도 우후죽순 나타나기 시작했다.

화학은 일상생활의 여러 문제에서 만나게 되는데 과학공화국 국민들의 화학에 대한 이해가 떨어지면서 곳곳에서 분쟁이 끊이지 않았다. 마침내 과학공화국의 박과학 대통령은 장관들과 이 문제를 논의하기 위해 회의를 열었다.

"최근의 화학 분쟁들을 어떻게 처리하면 좋겠소?"

대통령이 힘없이 말을 꺼냈다.

"헌법에 화학 부분을 추가하면 어떨까요?"

법무부 장관이 자신 있게 말했다.

"좀 약하지 않을까?"

대통령이 못마땅한 듯이 대답했다.

"그럼 화학으로 판결을 내리는 새로운 법정을 만들면 어떨까요?"

화학부 장관이 말했다.

"바로 그거야! 과학공화국답게 그런 법정이 있어야지. 그래, 화학법정을 만들면 되는 거야. 법정에서의 판례들을 신문에 게재하면 사람들이 더 이상 다투지 않고 자신의 잘못을 인정하게 될 거야."

대통령은 매우 흡족해했다.

"그럼 국회에서 새로운 화학법을 만들어야 하지 않습니까?"

법무부 장관이 약간 불만족스러운 듯한 표정으로 말했다.

"화학적인 현상은 우리가 직접 관찰할 수 있습니다. 방귀도 화학적인 현상이지요. 그것은 누가 관찰하건 간에 같은 현상으로 보이게 됩니다. 그러므로 화학법정에서는 새로운 법을 만들 필요가 없습니다. 혹시 새로운 화학 이론이 나온다면 모를까……."

화학부 장관이 법무부 장관의 말을 반박했다.

"나도 화학을 좋아하긴 하지만, 방귀는 왜 뀌게 되고 왜 그런 냄새가 나는 걸까?"

대통령은 벌써 화학법정을 두기로 결정한 것 같았다. 이렇게 해서 과학공화국에는 화학적으로 판결하는 화학법정이 만들어지게 되었다.

초대 화학법정의 재판장은 화학에 대한 책을 많이 쓴 화학짱 박사가 맡게 되었다. 그리고 두 명의 변호사를 선발했는데 한 사람은 대학에서 화학을 공부했지만 정작 화학에 대해서는 깊게 알지 못하는 40대의 화치 변호사였고, 다른 한 사람은 어릴 때부터 화학 영재 교육을 받은 화학 천재인 케미 변호사였다.

이렇게 해서 과학공화국의 사람들 사이에서 벌어지는 화학과 관련된 많은 사건들이 화학법정의 판결을 통해 깨끗하게 마무리될 수 있었다.

제1장

# 연소에 관한 사건

# 지구와 달에서의 불꽃 모양

무중력 상태에서 양초의 불꽃 모양은 어떨까요?

"다녀왔어요, 엄마."

"우리 라이트 무사히 잘 다녀왔니?"

인공위성을 타고 무중력을 체험하고 온 소년 라이트는 여행을 무사히 마치고 집으로 돌아왔다. 배낭에서 여러 가지 물건들과 기록해 두었던 자료들을 하나하나 꺼내본 라이트는 달나라에 갔다 온 자신이 믿기지 않은 듯 감상에 빠졌다.

"라이트, 네 앞으로 편지가 한 통 와 있으니 읽어 보렴."

하얀 편지봉투의 발신자는 '과학공화국 과학경시대회 추진본부'로 되어 있었다. 라이트는 조심스럽게 봉투 안의 내용물을 꺼내

보았다.

'귀하는 지난달 열린 제45회 과학공화국 과학경시대회 예선을 통과하셨습니다.'

"꺄아악, 야호! 엄마."

라이트는 편지도 다 읽지 않은 채 엄마에게 달려갔다. 엄마는 그런 아들을 무척 자랑스럽게 여기며 기뻐해 주셨다. 라이트는 여행 후 짐 정리도 잊은 채 과학경시대회를 대비한 공부에 몰두했다.

'예선을 통과했으니 이제 본선만 남았다! 난 인공위성도 타 봤고 무중력도 경험했으니 다른 참가자들보다 문제를 더 잘 풀 자신이 있어. 1등 해서 상금 타면 인공위성 한 번 더 타야지. 히히히!'

라이트는 지구에서 경험할 수 없었던 무중력을 직접 몸으로 경험한 것이 잊혀지지가 않았다. 다음엔 꼭 엄마를 모시고 달에 가 봐야겠다고 생각했다. 라이트의 엄마는 아직도 달에 방아를 찧는 옥토끼가 살고 있다고 믿는 순진한 분이셨다.

"아아, 마이크 테스트. 과학경시대회에 참가할 어린이들은 제1 강의실로 입장해 주시기 바랍니다."

안내원의 방송에 따라 라이트는 강의실로 들어가서 자신의 이름이 쓰여진 자리에 앉았다. 주변을 둘러보니 과학공화국의 과학 영재들은 다 모인 것 같았다.

"딩동댕."

시험 시작 종소리가 울리자 아이들은 무서운 속도로 문제를 풀기 시작했다. 라이트도 이쯤이야 식은 죽 먹기에 땅 짚고 헤엄치기라고 생각하며 문제를 술술 풀어 나갔다. 어느덧 배점이 제일 높은 주관식 문제만 남겨 놓은 라이트는 천천히 문제를 읽어 보았다.

양초의 불꽃 모양은 어떤 모양인지 설명해 보시오. 단, 그림을 그려서 설명해도 점수 인정.

라이트는 살며시 미소를 짓더니 단숨에 답안지에 답을 적었다.
'됐어. 만점이다.'
문제를 다 푼 라이트는 답안지를 제일 먼저 내고 강의실을 나왔다.
다음 날, 라이트가 다니는 사이언스 스쿨에서 과학경시대회 수상자 발표가 있었다.

1등: 나천재 100점

2등: 라이트 95점

라이트는 당연히 문제를 다 맞혔다고 생각했는데 자신의 점수가 만점이 아닌 것을 보고는 과학경시대회 본부에 전화를 걸었다.
"라이트 군, 마지막 5점짜리 주관식 문제를 틀렸군요."
"말도 안 돼요. 내 답이 정답이란 말이에요. 난 불과 며칠 전에 양초에 불을 붙여서 불꽃을 관찰하는 실험을 해 봤단 말이에요."

"아무튼 라이트 군이 답을 틀리게 적었으므로 인정해 줄 수가 없군요. 그럼 이만. 뚜뚜뚜—."

담당자가 전화를 끊어 버리자 화가 난 라이트는 화학법정에 과학경시대회 본부를 고소했다. 과학경시대회 문제 출제자 문출제 씨가 대표로 법정에 참석했다.

무중력 공간에서는 밀도의 차이가 생기기 않아
대류 현상도 일어나지 않습니다. 그래서 불꽃 주위의 공기가
고르게 타기 때문에 불꽃이 공 모양을 이루게 됩니다.

 달에서는 양초의 불꽃 모양이 어떨까요?
화학법정에서 알아봅시다.

 재판을 시작하겠습니다. 먼저 원고인 라이
트 군이 변론해 보세요.

 전 분명히 정답을 적었습니다. 그런데 제
답을 틀리게 채점한 걸 이해할 수 없습니다.

 논란이 된 문제가 뭐였죠?

 양초의 불꽃 모양을 적어 보라고 했습니다.

 문출제 씨가 낸 문제가 맞나요?

 네, 맞습니다. 틀림없이 그렇게 문제를 냈습니다.

 그 문제에 대해서 라이트 군은 무엇이라고 답을 적었나요?

 전 당연히 양초의 불꽃은 동그란 모양이라고 써 냈습니다. 그
게 어째서 틀린 답이 됩니까?

 문출제 씨, 그렇다면 정답은 무엇입니까?

 정답은 길쭉한 모양입니다. 위로 뻗은 길쭉한 모양 말입니
다. 판사님도 양초의 불꽃을 보신 적이 있으실 겁니다. 사모
님께 청혼할 때 양초 백 개를 가지고 하트 모양을 만드신 적
이 있으시죠? 그때 제가 양초에 일일이 불을 붙여서 도와드
렸잖아요.

 에헴. 사적인 이야기는 법정에서 삼가시오.

전 불과 며칠 전에 양초의 불꽃을 봤습니다. 인공위성을 타고 무중력을 체험하러 갔는데 여행 마지막 날 밤에 촛불잔치를 했단 말입니다. 제 두 눈으로 똑똑히 봤어요. 확실히 양초의 불꽃은 둥그런 모양이었습니다.

라이트 군이 과학에 대해서 잘 안다고 하니 질문을 하나 하겠네. 혹시 대류 현상이라고 아나?

공기가 움직이면서 열이 전달되는 현상 아닙니까?

그렇지. 지구에서는 공기의 대류 현상으로 불꽃 때문에 뜨거워진 공기가 가벼워지면서 위로 올라가지. 그래서 불꽃 모양이 위로 길쭉해진다는 거야.

라이트 군, 이제 잘 알겠나? 그럼 오늘 재판은 여기서…….

잠깐만요, 판사님.

라이트 군, 할 말이 더 남았나?

분명히 문제에는 '지구에서' 라는 말이 없었습니다.

문출제 씨, 라이트 군의 말이 맞습니까?

네, 그렇습니다.

그렇다면 중력이 없는 곳에서도 양초의 불꽃이 길쭉한 모양일까요? 모두들 아시다시피 무중력 공간에서는 밀도의 차이가 생기기 않으므로 대류 현상이 일어나지 않습니다. 그러므로 불꽃 주위의 공기가 고르게 타기 때문에 불꽃이 공 모양을 이루게 되는 거죠.

 분명 문제에는 '지구에서' 라는 단서가 없었습니까?

 네, 없었습니다.

 자, 그럼 판결을 내리겠습니다. 문제에 '지구에서' 라는 단서가 없었으므로 무중력에서의 불꽃 모양을 쓴 라이트 군의 답도 정답으로 인정합니다. 문출제 씨는 앞으로 문제를 낼 때 조금만 더 신중하시길 바랍니다. 이로써 라이트 군도 과학경시대회에서 만점을 받았으므로 나천재 군과 같이 공동 1등이 되었음을 선포합니다.

 **달의 기원**

달의 기원에 대해서는 여러 가지 설이 있지만 확실한 증거가 없어 가설에 그치고 있습니다. 몇 가지 가설을 살펴보면 지구의 빠른 회전으로 적도 부분이 떨어져 나갔다고 보는 분리설과 원시 지구를 돌던 많은 미행성이 모여 지구와 달이 함께 탄생됐다는 동시 탄생설, 태양계 밖에서 형성된 천체가 지구 중력에 붙잡혀 돌고 있는 것이라고 본 포획설, 45억 년 전 미지의 외부 천체가 지구와 충돌해 생겼다고 보는 충돌설 등이 있습니다.

달의 형성 기원에 대한 여러 가지 설과는 달리 대부분 달의 형성 시기는 태양계가 형성될 당시 지구와 비슷한 시기에 생겨났다고 보고 있습니다.

# 폭발한 자동차의 범인

무더운 여름날 자동차 안에 일회용 라이터를 두면 왜 폭발할까요?

사건속으로

"무더위가 기승을 부리는 가운데 계곡이나 바다로 피서를 떠나는 인파로 고속도로가 극심한 정체를 보이고 있습니다. 오늘 낮 최고 기온은 31도로 어제보다 높겠으며……."

"삑—."

빨간 신호등에 걸려 차가 멈추자 지포 씨는 라디오 스위치를 껐다. 무더위에 지쳐 있던 그는 오늘도 덥겠다는 라디오 뉴스가 반가울 리 없었다. 지포 씨는 창문을 내리고 담배 한 개비를 꺼내 입에 물었다.

"라이터가 어디 갔지?"

차 구석구석을 뒤져도 라이터가 보이지 않자 가방에 손을 넣어 보았다. '질러 노래방'이라고 찍힌 빨간 라이터가 손에 잡혔다.

"좌악~ 화르륵."

라이터를 켜자 빨간 신호등이 녹색으로 바뀌었다. 그래서 지포 씨는 라이터와 담배를 그대로 옆 좌석에 놓아둔 채 기어를 바꾸고 출발했다.

잘나가는 프리랜서 작가인 지포 씨는 이번에 농촌의 실태에 대해 원고를 쓰기로 했다. 그리고 어렵사리 한 농부로부터 취재 허락을 받고 인터뷰를 하기 위해 한적한 시골로 떠나는 길이었다. 잘 닦인 아스팔트를 벗어나고 울퉁불퉁한 비포장도로가 나오자 지포 씨는 속도를 조금씩 줄였다. 차를 천천히 몰자 담배 생각이 절로 났다. 마침 길도 외길이고 반대편에서 오는 차도 없었다. 지포 씨는 아까 옆 좌석에 놓아둔 담배 한 개비를 입에 물었다.

"후~."

오른손은 핸들을 잡고 왼손에 담배를 쥔 지포 씨가 창밖으로 재를 털었다. 늘 창작의 고통에 시달리는 그에게는 담배가 유일한 스트레스 해결책이었다.

"여보세요, 파머 씨 댁이죠? 오늘 취재하러 가기로 한 지포라고 합니다. 네. 아, 저기 파란 지붕 집이오? 지금 가겠습니다."

그늘 한 점 없이 논과 밭만 끝없이 펼쳐진 시골의 태양 빛은 너무나 뜨거웠다. 널찍한 공터에 대충 주차를 한 그는 노트북을 들고 서둘러 파머 씨 댁으로 걸음을 옮겼다. 이글거리는 태양 빛이 그의 은색 승용차에 직통으로 쏟아졌다.

"네. 그럼 마지막으로 한 가지만 더 물을게요."

"쾅!"

인터뷰가 거의 끝날 때쯤 조용하고 평화로운 시골 마을을 뒤흔드는 거대한 폭발음이 들려왔다. 창밖을 내다본 지포 씨는 너무 놀라 순간 몸이 굳어졌다. 출고된 지 얼마 안 된 자신의 은색 승용차가 폭발한 것이다. 황급히 파머 씨에게 인사를 하고 지포 씨는 밖으로 나왔다. 지나가던 동네 주민 한 분이 자신의 집에서 소화기를 들고 나와 불을 끄고 있었다. 차를 세워 둔 장소가 주택가에서 멀리 떨어진 허허벌판이라 불은 지포 씨의 새 자동차만 검은 그을음을 내며 태웠다. 지포 씨는 다른 사람들이 피해를 안 입어서 그나마 다행이라고 생각하며 가슴을 쓸어내렸다.

"뽑은 지 얼마 안 된 새 차가 폭발을 하다니. 정말 십 년, 아니 백 년 감수했네. 이놈의 자동차 회사를 고소해서 내 물질적, 정신적 피해 보상을 받아야지."

지포 씨는 그 길로 법정으로 달려가 자동차 회사인 말나드타를 고소했다.

압력이 급상승하면 발화점이 낮아지기 때문에
훨씬 불이 붙기 쉬운 상태가 됩니다.

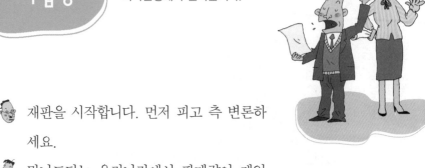

**자동차가 폭발한 이유는 뭘까요?**
화학법정에서 알아봅시다.

재판을 시작합니다. 먼저 피고 측 변론하
세요.

말나드타는 우리나라에서 판매량이 제일
많은 자동차입니다. 그런 자동차가 저절로 폭발 사고를 일으
킨다는 것은 상상할 수도 없는 일입니다. 그러므로 지포 씨가
무슨 실수를 한 게 틀림없다고 생각합니다.

무슨 실수를 했다는 거지요?

그건 잘 모르겠습니다.

그럼, 뭘 조사한 거요?

사실 요즘 회식 자리가 많아 별로 준비하지 못했습니다.

알겠소. 그럼 원고 측 변론하세요.

발화연구소의 나발하 박사를 증인으로 요청합니다.

노랗게 물들인 머리에 캐주얼 복장의 30대 초반 남자가
증인석으로 들어왔다.

증인이 하는 일은 뭡니까?

발화점에 대한 연구를 하고 있습니다.

그게 뭐죠?

어떤 물질이 타기 위해서는 연소 조건을 만족해야 하는데 그 중 하나가 발화점 조건입니다.

연소 조건이 뭡니까?

달에서는 종이가 탈까요?

안 가 봐서 잘 모르겠는데요.

안 탑니다. 그 이유는 바로 산소가 없기 때문이지요. 연소의 첫 번째 조건은 바로 산소가 있어야 한다는 겁니다.

그럼 두 번째 조건은 뭡니까?

바로 발화점 조건입니다.

그러니까 그게 뭐냐고요?

물질이 타기 위해서는 어떤 온도 이상으로 올라가야 하지요. 그 온도를 물질의 발화점이라고 합니다.

그게 이번 사건과 무슨 상관이 있습니까?

지포 씨의 불탄 차 안에서 일회용 라이터가 발견되었습니다. 화재의 원인은 바로 라이터, 아니 정확하게 라이터 속에 들어 있는 가스입니다.

어떤 가스지요?

보통 부탄가스를 사용하는데 액체 상태로 있다가 나오면서 기체 상태로 바뀌지요.

그럼 이번 사고가 발화점과 관련이 있나요?

네 그렇습니다. 지포 씨가 차 안에 놔둔 라이터의 온도가 발화점 이상으로 올라가 폭발한 것이지요. 여름철엔 차 안의 온도가 100도 이상까지 올라가니까요.

그럼 일회용 라이터의 발화점이 100도 이하란 얘긴가요?

보통의 경우 일회용 라이터는 467도 정도까지 온도가 올라야 불이 붙습니다.

그런데 왜 불이 붙어 폭발한 거죠?

발화점은 압력에 따라 달라집니다. 여름철 자동차 안에서 직사광선을 쬐면 압력이 급상승하여 발화점이 낮아지지요. 그래서 일회용 라이터 안의 부탄이 발화점 이상으로 올라가 폭발한 것이라고 볼 수 있습니다.

그럼 지포 씨의 책임이 크군요.

물론입니다. 여름철 차 안에 라이터를 놔두는 것은 자신의 차

## 지구의 대기 우리가 지키자!

발화점이란 산소 속에서 물질을 가열할 때 스스로 발화하여 연소를 시작하는 최저 온도를 말합니다. 발화점은 물질의 종류에 따라 다른데 발화점이 낮은 물질일수록 타기 쉽고 발화점이 높은 물질일수록 타기 어렵습니다. 또한 물질이 지속적으로 타려면 발화점 이상의 온도를 유지해야 합니다.

인화점이란 일정한 조건 아래에서 휘발성 물질의 증기가 다른 불꽃에 의하여 불이 붙는 최저 온도를 말합니다. 인화점이 낮은 물질로는 가솔린, 신나, 에탄올, 등유 등이 있으며 이들 물질과 가까이 있을 때에는 불이 옮겨 붙기 쉬우므로 조심해야 합니다. 보통 인화점은 발화점보다 10~20℃가량 낮습니다.

를 불태우겠다는 뜻입니다.

 그럼 재판은 끝난 것 같군요. 그렇죠, 판사님?

 판결하겠습니다. 담배는 백해무익한데 왜들 그리 피우는
지…… 만약 주위에 어린이들이 있었으면 어쩔 뻔했나요?
아이들이 크게 다쳤을 것 아닙니까? 그러므로 이번 차량 화
재 사건의 책임은 전적으로 라이터를 차 안에 둔 지포 씨에게
있음을 인정하도록 하겠습니다.

# 설탕 폭탄

각설탕보다 설탕 가루가 불이 붙기 쉬운 이유는 뭘까요?

이제 갓 결혼한 초보 주부 스위티는 파티 준비로 요리를 하느라 정신이 없었다. 주방은 맛있는 냄새로 가득 찼다.

"어휴, 초여름인데 왜 이렇게 더운 거야. 이제 쿠키만 만들면 되겠네."

스위티는 초보 주부답게 식탁에 온갖 요리책을 펴 놓고 이리저리 뒤적거리고 있었다.

"달콤한 쿠키 만드는 법, 37페이지. 어디 보자, 준비물이 베이킹 파우더, 소다, 설탕. 가만 설탕?"

스위티는 싱크대 위에 있는 설탕 양념 통을 기울여 보았다. 아까 딸기잼을 만드느라 설탕을 다 써 버려 조금도 남지 않았다.

"어쩌지, 우리 허니는 내가 만든 쿠키를 제일 좋아하는데."

설탕 대신 무엇을 넣을까 두리번거리던 스위티는 냉장고 옆에 붙어 있는 광고지에 눈이 갔다.

어떤 물건이든지 총알같이 배달해 드립니다. 배달 전문 퀵마트. 여자분이 전화 주시면 특별히 꽃미남이 배달해 드려요. 지금 당장 전화 번호를 누르세요.

"여보세요. 퀵마트죠? 설탕 한 봉지 가져다주세요. 여기 B스트리트 11번지예요. 근데 꽃미남이 배달해 준다는 거 사실이죠? 호호호, 네."

수화기를 내려놓자 스위티는 괜스레 얼굴이 붉어졌다.

"어머나, 난 유부녀인데. 이러면 안 되지, 참."

금세 안정을 찾은 스위티는 쿠키 만드는 걸 잠시 미루고 쿠키 안에 들어갈 초콜릿을 잘게 부수었다.

"딩동. 신속한 배달 퀵마트입니다."

인터폰 화면 속에서 한눈에 봐도 이목구비가 뚜렷한 꽃미남이 해맑게 웃고 있었다.

"어서 오세요. 이쪽으로."

스위티가 생글생글 웃으며 배달맨을 주방으로 안내했다.

"맛있는 거 만드시나 봐요."

엉망으로 어질러진 주방을 보며 배달맨이 웃음 띤 얼굴로 말했다.

"따르릉~"

"어머 전화가 오네. 설탕 봉지 좀 뜯어서 저기 접시에 조금만 담아 주세요."

스위티는 급히 전화기 앞으로 뛰어갔다.

"자기야? 뭐? 벌써? 빨리 준비할게. 어서 와. 사랑해."

주방에서 스위티의 목소리를 들은 배달맨은 커다란 접시에 아무렇게나 설탕을 부었다. 어제 오랫동안 만나 왔던 여자친구와 헤어진 배달맨은 스위티의 애교 섞인 목소리를 듣자 괜히 심술이 났다.

"그럼 전 이만."

돈을 챙겨 든 배달맨은 황급히 문을 닫고 나갔다.

"쳇, 얼굴은 잘생긴 총각이 되게 무뚝뚝하네."

대문을 잠그고 다시 주방으로 돌아온 스위티는 경악을 금치 못했다. 배달맨이 설탕을 아무렇게나 놔두고 가, 원래 어질러져 있던 주방이 더욱더 엉망이 되었다. 이를 보자 스위티는 화가 났다.

"아니 생긴 건 멀쩡한 총각이 설탕 좀 곱게 담아 주고 가지, 이게 뭐람. 저런 놈은 여자 친구 하나 없을 거야, 홍!"

열기 가득한 주방에서 수프를 끓이느라 화가 치밀어 오른 스위티는 땀이 비 오듯 쏟아졌다. 스위티는 주방에 있는 선풍기 스위치를 눌렀다. 선풍기 바람이 설탕이 담겨진 접시 쪽으로 향했고, 설탕은 순식간에 다 날아가 버렸다. 그런데 설탕이 하필 수프를 끓이고 있던 가스레인지 쪽으로 날아와 순식간에 불이 붙었다. 스위티는 설탕을 아무렇게나 놓고 간 배달맨 때문에 사고가 난 것이라며 배달맨을 화학법정에 고발했다.

물질의 상태가 덩어리일 때보다 가루로 되어 있을 때
산소와의 접촉 면적이 커져 연소하기가 쉬워집니다.

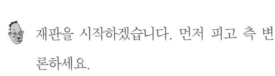

가루 물질이 덩어리보다 연소하기 쉬운
이유는 무엇일까요?
화학법정에서 알아봅시다.

재판을 시작하겠습니다. 먼저 피고 측 변

론하세요.

배달맨이야 배달만 하면 되는 거 아닙니

까? 배달된 물건 때문에 사고가 나면 그건 정리를 안 한 주인

책임이지, 어째서 배달맨 책임입니까? 아무튼 이번 사건에

배달맨은 아무 잘못이 없다는 게 제 주장입니다.

원고 측 변론하세요.

분말산화 연구소의 나가루 박사를 증인으로 요청합니다.

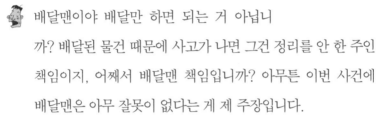

얼굴에 조그만 점들이 많은 20대 남자가 증인석에 앉았다.

증인은 지금 무슨 일을 하고 있지요?

분말가루의 연소에 대해 연구하고 있습니다.

가루로 된 물질과 덩어리로 된 물질은 연소되는 게 다른가요?

가루 물질이 연소가 더 잘됩니다.

그건 왜죠?

연소라는 것은 물질이 공기 중의 산소와 반응하는 것입니다.

그런데 가루 물질은 산소와의 접촉 면적이 커서 훨씬 더 연소하기가 쉬워지는 것이지요.

그럼 설탕 가루도 덩어리 각설탕보다 연소가 잘되겠군요.

그렇습니다. 설탕 가루를 불가에 놓아두면 아주 위험합니다.

그런데 왜 가루 물질이 산소와 닿는 면적이 커지는 것이죠?

예를 들어 한 변의 길이가 4센티미터인 정육면체를 봅시다. 이 정육면체의 표면적은 얼마입니까?

그야 $6 \times 4 \times 4 = 96$이죠.

그럼 설탕을 여덟 조각으로 나눠 보세요.

그럼 한 변의 길이가 2센티미터인 정육면체 여덟 개가 되겠군요.

그렇습니다. 한 변의 길이가 2센티미터인 정육면체 하나의 표면적은 $6 \times 2 \times 2 = 24$입니다. 이런 게 여덟 개 있으니까 전체 표면적은 $8 \times 24 = 192$가 되어 표면적이 늘어나지요.

우아! 그럼 설탕 가루는 작으니까 표면적이 엄청 커지겠군요.

그렇습니다. 그러므로 연소가 아주 활발하게 일어나지요.

그럼 배달맨이 잘못한 거네요. 뚜껑이라도 덮어 놓았어야지요. 그렇죠, 판사님?

설탕 가루가 불 가까이 있으면 엄청난 폭탄이 될 수 있다는 것을 이 재판을 통해 처음 알게 되었습니다. 그런데 이번 사건은 배달맨이나 스위티 씨 둘 다 그런 위험성을 몰랐기 때문

에 일어난 것 같습니다. 배달맨은 접시에 설탕 가루를 붓고 뚜껑을 덮지 않았다는 점, 스위티 씨는 불 옆에 설탕 가루를 두고 선풍기를 켠 점이 과학적으로 안전하지 못한 행동이었다고 보고 쌍방 과실로 판정하겠습니다.

 **표면적이 반응 속도에 영향을 주는 예**

- 종이 뭉치보다 펼친 종이가 불에 더 잘 탄다.
- 알약보다 가루약을 복용하는 경우 흡수가 더 빠르다.
- 장작을 땔 때 작게 쪼개어 때는 경우가 훨씬 잘 탄다.

# 알코올로 움직이는 차

휘발유 대신 알코올로도 차가 움직일 수 있을까요?

사건속으로

휘발유 값이 하늘 높은 줄 모르고 치솟자 과학공화
국 사람들은 자동차를 집에 두고 자전거를 타고 다
니거나 가까운 거리는 걸어 다녔다. 매일 출근해야
하는 직장인들은 차가 없으니 불편하기 짝이 없었으나, 휘발유 값
이 워낙 비싸서 월급으로는 도저히 차를 몰고 다닐 수가 없었다.

여느 때와 다름없이 날은 밝았고 직장인들은 출근을 하기 위해
새벽부터 집을 나섰다. 포터도 출근을 하기 위해 자전거 페달을 힘
차게 밟았다. 차를 타고 가면 20분이면 갈 거리를 자전거를 타고
40분이나 가야 할 걸 생각하니 포터는 괜히 짜증이 났다. 세 겹으

로 겹쳐지는 뱃살 때문에 그는 지쳐 갔고, 페달을 밟는 속도도 점점 느려졌다.

"저것 좀 봐."

넥타이를 맨 정장 차림의 직장인들이 어느 상점 앞에서 웅성거리고 있었다. 포터도 자전거를 끌고 사람들이 모인 곳으로 가 보았다. 셔터가 내려져 있는 커다란 상점에는 자동차가 그려진 포스터가 붙어 있었다.

"무슨 일이에요?"

포터가 옆에 있는 남자에게 물었다.

"보아하니 형씨도 자전거로 출근하는 모양이죠?"

"휘발유 값이 워낙 비싸서요."

"조금만 더 고생하세요. 아주 기쁜 소식이 있어요. 일주일 후에 알코올로 움직이는 자동차가 나온답니다. 휘발유 대신 알코올! 이제 다리에 쥐나도록 자전거 페달을 안 밟아도 된다, 이 말입니다."

포터의 입가에 살며시 미소가 번졌다. 옆에 있던 남자도 활짝 웃었다.

"저 차를 어떻게 살 수 있죠?"

"인터넷 검색 창에 '알코올 차'를 쳐 보세요. 홈페이지에 가서 예약하면 된다는군요. 지금 대기자가 너무 많다니까 서두르셔야 될 겁니다."

포터는 남자의 말이 끝나자마자 무서운 속도로 자전거 페달을 밟았다. 그리고 회사에 도착하자마자 컴퓨터를 켰다. 알코올 차 홈페이지는 차가 출시되기 전인데도 불구하고 대기자가 넘쳐났다. 포터는 이제 자전거로 힘겹게 출근하지 않아도 된다는 생각에 하루 종일 싱글벙글했다.

다음 날 아침, 신문의 1면을 본 포터는 깜짝 놀랐다. 기존의 휘발유 차 회사들이 집단으로 알코올 차 회사를 고소한다는 내용이 대문짝만하게 인쇄되어 있었다. G자동차 사장 구루마 씨는 알코올로 움직이는 차는 세상 어디에도 없다며 알코올 차 회사를 사기죄로 고소할 방침이라고 밝혔다. 신문을 덮은 포터는 걱정이 되었다. 어제 알코올 차를 예약하면서 미리 선금을 지불했기 때문이다.

'이놈의 성질 급한 건 알아줘야 한다니까. 잘 알아보고 돈을 낼걸.'

포터는 회사 일도 미룬 채 G자동차 사장과 알코올 차 엔진개발 실장이 싸우고 있는 법정으로 달려갔다.

알코올이 연소하면서 이산화탄소를 만들어 내고,
이 이산화탄소로 인해 상승한 압력이 알코올 차를
움직이게 하는 원동력이 됩니다.

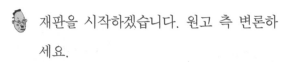

**알코올로 차가 움직일 수 있을까요?**
화학법정에서 알아봅시다.

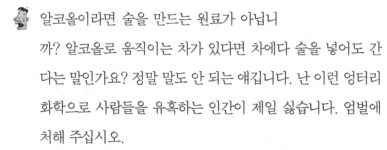

재판을 시작하겠습니다. 원고 측 변론하세요.

알코올이라면 술을 만드는 원료가 아닙니까? 알코올로 움직이는 차가 있다면 차에다 술을 넣어도 간다는 말인가요? 정말 말도 안 되는 얘깁니다. 난 이런 엉터리 화학으로 사람들을 유혹하는 인간이 제일 싫습니다. 엄벌에 처해 주십시오.

조금 사극 분위기가 나는군요.

쩝!

그럼 피고 측 변론하세요.

증인으로 알코올 차 엔진개발 실장인 김취해 씨를 요청합니다.

전날 술을 먹었는지 코가 빨간 40대 남자가 증인석으로 걸어 들어왔다.

증인이 하는 일은 뭐죠?

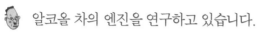 알코올 차의 엔진을 연구하고 있습니다.

정말 알코올로 차가 움직일 수 있나요?

물론입니다. 석유가 나오지 않는 이웃 나라, 부라지루국은 사탕수수로부터 자동차 연료인 가소홀을 얻어 사용하고 있습니다.

가소홀이 뭡니까?

가소홀이란 가솔린과 알코올의 합성어입니다. 즉 사탕수수에서 알코올을 얻어 자동차의 연료로 사용하는 것이죠. 물론 순수한 알코올로도 자동차는 움직일 수 있지만 말입니다.

알코올로 차가 움직인다는 게 잘 이해가 안 가는군요.

그럼 실험을 해 보이겠습니다.

김취해 씨는 350밀리리터 알루미늄 캔 뚜껑을 완전히 떼어낸 뒤 아래로부터 2센티미터 정도 높이에 3밀리미터 크기의 구멍을 뚫었다. 그 구멍에 알코올 대여섯 방울을 떨어뜨린 뒤 종이컵으로 막고 흔든 다음 구멍에 촛불을 가져다 댔다. 그러자 종이컵이 로켓처럼 튀어 나갔다.

우아, 놀라워요. 알코올 몇 방울로 저런 로켓을 만들다니.

 이런 현상은 알코올이 연소하면서 이산화탄소가 만들어져 압력이 높아지기 때문에 나타나지요. 물론 그 압력이 종이컵을 빠르게 밀어낸 것이고요.

 그 정도의 에너지라면 자동차를 움직일 수 있다는 걸 이제 사람들이 믿을 것 같군요. 이번 재판은 알코올 차가 가능하다는 쪽으로 판결을 내리겠습니다.

 **알코올 자동차가 정말 있나요?**

물론입니다. 현재 브라질의 에탄올 자동차는 세계적인 주목을 받고 있을 정도지요. 브라질은 전세계 에탄올 생산량의 47%를 차지하는 최대 생산국으로 에탄올 자동차를 정착시키기까지 30년간 시행 착오를 겪어야 했습니다.

지난 2006년 브라질 자동차 시장의 판매 점유율 76%에 달한 에탄올 차량은 일반 휘발유차를 크게 앞지른 상태입니다. 전문가들은 이런 추세라면 브라질의 휘발유 차량이 단종될 수도 있다는 전망을 내놓고 있지요.

# 속이 누런 사과

깎아 놓은 사과가 갈색으로 변한 것은 상했기 때문일까요?

"오케이, 컷."

30대 중반의 나이에도 불구하고 20대 초반의 젊은 얼굴을 유지하는 여배우 노렌지는 이제 막 영화 한 편의 촬영을 모두 끝냈다.

"수고하셨습니다, 노렌지 씨. 촬영이 다 끝났는데 앞으로 뭐 하실 거예요?"

"음, 당분간 휴식을 취하면서 영화 촬영한다고 고생한 제 피부를 쉬게 해 줄 겁니다. 호호호. 피부에는 역시 싱싱한 과일이 최고예요. 맛있는 과일 많이 먹으면서 푹 쉴 거예요."

"역시 소문난 과일 마니아답네요. 참, 제가 아주 맛있는 사과 파는 가게를 아는데."

분장을 지우던 노렌지는 귀를 쫑긋 세우고는 매니저에게 당장 펜과 종이를 가져오라고 소리쳤다.

"거기가 어디죠?"

다음 날 노렌지는 모자와 선글라스로 얼굴을 가린 채 손수 차를 몰고 길을 나섰다. 중간에 경찰이 차를 세우고는 면허증 제시를 요구했다.

"어이쿠, 죄송합니다. 전 미성년자가 운전하는 줄 알았어요. 근데 노렌지 씨네요. 역시 실물이 훨씬 젊고 아름다우십니다. 하하하."

미성년자인 줄 알았다는 경찰의 말에 노렌지는 하늘을 날듯 기분이 좋았다.

'젊음의 비결은 바로 꾸준한 과일 섭취라고. 담배와 술은 노우!'

노렌지는 백미러로 화장을 안 했는데도 잡티 하나 없는 자신의 깨끗한 피부를 보며 미소 지었다.

"어서 오세요, 손님."

조그만 과일 가게에 들어서자 노부부가 인사를 했다. 나이가 많은 분들이어서 그런지 영화배우인 노렌지를 알아보지 못하는 듯했다.

"여기 사과가 맛있다고 해서 왔는데, 먹어 보고 사도 될까요?"

"물론이죠. 잠시만 기다리세요. 제가 깎아 드릴게요."

노부부는 곧 주방으로 들어갔고, 노렌지는 의자에 앉아 기다리기로 했다.

"어머, 혹시 노렌지 씨 아니세요?"

과일을 사러 온 아가씨가 노렌지를 알아보았다.

"꺄아악, 여기 영화배우 노렌지 씨가 있어요."

아가씨가 큰 소리로 외치자 동네 사람들이 몰려들었다.

"이런 촌구석에 웬일이람."

"사인 한 장 해 줘요."

"이야, 피부가 예술인걸."

귀찮기는 했지만 노렌지는 밖으로 나가 사람들에게 일일이 사인을 해 주고 같이 사진도 찍었다.

'어딜 가나 나의 미모를 알아보는군. 선글라스도 모자도 소용없네.'

동네 사람들이 다 돌아가자 노렌지는 다시 가게 안으로 들어왔다.

"어머, 이게 뭐야? 사과가 썩었잖아."

노렌지는 접시 위의 누런 사과를 보며 비명을 질렀다.

"당신들 사기꾼 아니에요? 어떻게 썩은 사과를 팔 수 있어요?"

"손님, 저희는 썩은 과일은 팔지 않습니다. 신용으로 장사한 지 30년이 다 되어 가는걸요."

"그럼 내 눈앞에 있는 저 누런 사과는 뭐예요? 세상에. 미리 먹어 보고 산다고 하길 잘했지, 하마터면 썩은 사과를 사 갈 뻔했잖

아요. 그 썩은 사과가 내 고운 피부를 상하게 했을지도 모른다고
생각하니…… 꺄악, 참을 수 없어! 당신들, 내가 고소할 거야!"

노렌지는 과일 가게 노부부를 고소하기로 했다.

사과 속에 들어 있는 폴리페놀이라는 효소가
공기 중의 산소와 반응하면서 누렇게 변색되는 것을
갈변 현상이라고 합니다.

깎아 놓은 사과는 왜 갈색으로 변할까요?
화학법정에서 알아봅시다.

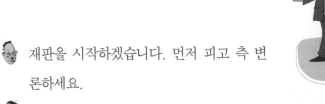

🧑 재판을 시작하겠습니다. 먼저 피고 측 변

론하세요.

🗣️ 자기들이 늦게 와서 깎아 놓은 사과가 갈

색으로 변한 걸 가지고 왜 가게 주인에게 뭐라고 합니까? 적

반하장도 유분수지. 이러면 안 되지요. 뭐 묻은 개가 뭐 묻은

개를 나무란다더니…… 쯧쯧, 요즘 세상이 왜 이렇게 변한

건지.

🧑 넋두리 그만하고 변론하세요.

🗣️ 변론 다 했는데요.

🧑 그럼 원고 측 변론하세요.

🧑 과일산화 연구소의 이산화 소장을 증인으로 요청합니다.

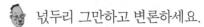

　볼살이 많은 40대의 중년 여성이 증인석으로 천천히 걸어

나왔다.

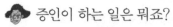

🧑 증인이 하는 일은 뭐죠?

👩 과일이 산화되는 현상에 대해 연구하고 있습니다.

산화가 뭐죠?

물질이 공기 중의 산소와 반응하는 것을 산화라고 합니다. 예를 들면 철이 녹스는 것은 공기 중의 산소와 반응해 산화철로 변하는 과정이지요.

그럼 과일이 산화한다는 건 무슨 말입니까?

껍질을 벗긴 과일 색깔이 변하는 것을 말합니다.

그럼 이번 사건도 산화와 관계가 있습니까?

물론이죠.

어떤 관련이 있지요?

사과 껍질을 벗긴 후 그대로 두면 갈색으로 변합니다. 이것을 갈변 현상이라고 하는데, 이것은 사과 속에 들어 있는 폴리페놀이라는 효소가 공기 중의 산소와 반응하기 때문에 생기는 것이지요.

그럼 산화를 막아야 사과 색이 안 변하겠군요.

### 갈변 현상이 일어나는 여타의 음식들

갈변 현상이 일어나는 음식은 사과 외에도 여러 가지가 있습니다. 감자, 바나나, 밤, 가지 등이 모두 갈변 현상이 일어나는 음식들이지요.

또한 갈변 현상은 상해받지 않은 조직이 공기 중에 노출되면서 폴리페놀 옥시데이즈라는 효소가 관여해서 일어나는 반응인데 이 효소는 열에 약하기 때문에 열처리를 하면 갈변 현상은 일어나지 않게 됩니다. 즉 위의 음식들을 한 번 찌고 난 다음 공기 중에 노출시키면 원래의 색깔을 유지할 수 있습니다.

그렇습니다.

그렇다면 어떻게 해야 산화를 막을 수 있죠?

최대한 공기와 접촉하지 않게 해야죠. 사과에 소금물이나 설탕물을 발라 놓거나, 물에 담가 놓는 것이 좋습니다.

그런 방법이 있었군요. 그런데 그런 방법을 이용하지 않고 색이 변한 사과를 내놓다니…….

판결하도록 하겠습니다. 이번 사건은 화학적으로만 판결하겠습니다. 껍질을 깎아 놓은 사과가 산화로 인해 색이 변한다는 것을 알았습니다. 앞으로는 손님이 왔을 때 그 자리에서 사과를 깎아 올려놓는 것이 가장 좋은 방법이고, 만일 미리 깎아 놓았는데 손님이 좀 늦을 경우에는 물에 담가 놓거나 설탕물을 조금 발라 놓는 방법을 사용하도록 합시다.

# 위험한 간장게장

짠 음식을 알루미늄 그릇에 담으면 왜 위험할까요?

사건속으로

"다음 뉴스입니다. 요즘 식중독 환자가 늘어남에 따라 식약청에서는 대대적으로 식당을 단속할 계획이라고 밝혔습니다."

"여보, 우린 괜찮을까요?"

뉴스를 보고 있던 김숨이 씨가 남편에게 물었다. 김숨이 씨와 남편 진미련 씨는 내일모레 식당을 열기 위해 한창 준비 중이었다.

"괜찮아. 우리 주방은 개미가 미끄러질 정도로 청결하잖아. 단속해도 꼬투리 잡힐 거 하나도 없어. 어서 손님한테 낼 간장게장이나 손질합시다."

김숨이 씨와 진미련 씨는 주방에 들어가 부지런히 움직이기 시작했다. 먼저 주 메뉴인 간장게장을 담그기 위해 게를 손질하여 알루미늄 그릇에 담아 놓았다. 그리고 그 위에 간장과 소금 등 여러 가지 양념을 같이 넣었다.

"힘들지? 조금 쉬었다 할까?"

진미련 씨가 아내 김숨이 씨의 어깨를 주물러 주었다.

"계십니까? 과학공화국 식약청에서 나왔습니다."

"무슨 일이시죠?"

"단속하러 나왔으니 협조해 주시기 바랍니다. 여기가 주방인가요?"

"네. 보시다시피 아주 깨끗합니다. 헤헤헤. 내일모레 개업할 예정이니 잘 좀 부탁드립니다."

진미련 씨는 연신 허리를 굽히며 식약청 직원들을 졸졸 따라다녔다. 새로 공사를 한 주방이라 매우 깨끗했다.

"어떻습니까? 저희 가게만큼 깨끗한 주방도 없죠?"

"그렇군요. 앞으로도 계속 청결을 유지하면서 장사하시기 바랍니다."

"헤헤헤, 당연하죠. 그럼 살펴 가십시오."

식약청 직원들이 나가려는 순간이었다.

"그런데 이건 뭐죠?"

금테 안경을 낀 날카로운 눈매의 남자가 물었다.

"간장게장이에요. 내일모레 개업할 때 반찬으로 내려고 준비한 겁니다."

김숨이 씨가 말했다.

"이건 알루미늄 그릇이잖아요. 안 됩니다. 이건 식품안전에 위배되는 사항입니다. 가게 오픈을 연기하세요."

"뭐라고요? 알루미늄 그릇을 사용한 것이 뭐 그리 큰 잘못입니까? 알루미늄 그릇은 설거지하기 편하고 깨질 염려도 없어서 특별히 대량 주문한 거라고요."

"우린 식품안전 위반으로 진미련 씨와 김숨이 씨를 고소할 테니 법정에서 봅시다."

"그럼 우리도 손해배상을 청구할 겁니다. 내일모레 가게 오픈한다고 일할 사람한테 연락도 다 했고, 이미 전단지도 뿌려 놓은 상태라고요."

진미련, 김숨이 부부는 다음 날 법정에 출두했다.

산화알루미늄은 소금물과 오래 반응하면 침식이 되고,
알루미늄 그릇을 부식시켜
안에 들어 있는 음식물을 변질시킵니다.

여기는 **화학법정**

간장게장과 알루미늄 그릇은 어떤 관계가 있을까요?
화학법정에서 알아봅시다.

 재판을 시작합니다. 먼저 피고 측 변론해 주세요.

 대충 아무 그릇에나 담으면 되지, 알루미늄 그릇이라고 꼭 안 되는 이유가 어디 있습니까? 알루미늄 그릇은 가볍고 튼튼하기 때문에 식당에서 쓰기에는 안성맞춤이지요. 아무튼 요즘 식약청 사람들은 정말 별걸 다 가지고 식당 하는 사람들을 괴롭힌단 말이야.

 변론 끝난 겁니까?

 물론이죠.

 그럼 원고 측 변론하세요.

 저는 금속산화 연구소의 이음산 박사를 증인으로 요청합니다.

음산한 냄새를 풍기는 40대 남자가 증인석에 들어와 앉았다.

 증인이 하는 일은 뭐죠?

 저는 금속의 산화에 대한 연구를 하고 있습니다.

금속의 산화라면 녹이 스는 걸 말씀하시는 건가요?

네 맞습니다. 금속이 산화되면 녹슨 금속이 되지요.

그것과 간장게장이 무슨 관계가 있습니까?

간장게장처럼 소금이 많이 들어간 짠 음식은 절대로 알루미늄 그릇에 담으면 안 됩니다.

그건 왜죠?

알루미늄은 녹이 슬면, 그러니까 산소와 화합하면 산화알루미늄의 막이 생깁니다.

그건 당연한 얘기잖아요.

이 막은 안쪽에 있는 알루미늄이 녹스는 것을 막아 주지요.

그런데요?

산화알루미늄은 소금물과 오래 반응하면 침식이 되어, 알루미늄 그릇이 부식되게 하면서 안에 들어 있는 음식물을 변질시키거든요.

에구! 그럼 사용하지 말아야겠군요.

가만, 오늘 집사람이 간장게장 한다고 했는데 당장 전화해 봐야겠군! 알루미늄 그릇에 넣었는지 안 넣었는지 말이야. 이것으로 재판을 끝내도록 하겠습니다. 앞으로 소금기 있는 음식의 알루미늄 그릇 사용을 금지하는 내용을 식약청에서는 제대로 홍보하기 바랍니다.

### 연소

연소란 물질이 타는 현상을 말합니다. 이때 물질로부터 빛과 열이 나오지요. 물질이 탄다는 것은 물질이 공기 중의 산소와 화합하는 것이지요. 그러므로 물질은 산소가 없으면 탈 수 없어요. 그래서 공기가 없는 달에서는 물질이 탈 수 없답니다.

그럼 물질이 타기 위해서는 어떤 조건들이 필요할까요? 이것을 연소의 조건이라고 하는데 다음과 같습니다.

1) 산소가 있어야 한다.
2) 물질이 타기 위한 온도(발화점)에 도달해야 한다.
3) 산소와 결합해야 할 물질이 있어야 한다.

### 초가 타면 무엇이 남을까요?

양초가 타면 완전히 사라질까요? 그렇지 않습니다. 어떤 물질이 만들어지는지 알아봅시다.

양초에 불을 붙이고 그 위에 석회수가 담긴 컵을 올려 놓아 보세요. 그럼 잠시 후 컵 위로는 안개가 생기고 컵 안은 뿌옇게 변할 거예요. 그 이유는 뭘까요? 우선 컵 안이 뿌옇게 되는 것은 양초가 타면서 이산화탄소가 만들어지고 이것이 석회수와 반응하여 탄산칼슘을 만들기 때문입니다. 그럼 안개는 왜 생길까요? 이것은 양

초가 타면서 물이 만들어지고 뜨거워진 물방울이 위로 올라가기 때문이지요. 이처럼 물질을 태우면 물과 이산화탄소가 발생한답니다.

### 가스 용접이란?

기체가 연소할 때 발생하는 높은 열을 이용하여 금속을 녹여 붙이거나 절단하는 것을 가스 용접이라고 합니다. 이때 주로 사용되는 기체는 아세틸렌, 수소, 프로판 가스이며 이들이 산소와 만나 높은 온도의 불꽃을 만들어 내지요. 가장 많이 사용되는 것은 아세틸렌과 산소의 혼합물로 여기에 불을 붙이면 높은 온도(3천 내지 4천도)의 불꽃이 생깁니다.

# 전기와 화학에 관한 사건

# 머리를 말리지 못하는 드라이어

핸드 드라이어로는 왜 머리카락을 말릴 수 없을까요?

나홀로 양은 사람들을 만나기 싫어한다. 그녀는 자신의 이름처럼 나홀로족인 것이다. 그녀는 자신만의 공간에서 안락한 생활을 즐기며 독서와 집필에 몰두하고 있다.

최근 그녀는 자신의 일상생활을 소재로 해서 쓴 수필집《홀로족의 행복》으로 많은 사람들에게 사랑을 받고 있다. 그런 그녀에게 요즘 고민이 하나 생겼다.

그녀는 필요한 물건을 대부분 홈쇼핑으로 구매한다. 집까지 배달해 주고 설치도 해 주기 때문이다.

그날도 그녀는 글이 잘 써지지 않아 홈쇼핑을 시청하고 있었다.

"이젠 손도 말리고 머리도 말리세요. 싱싱전자에서 나온 초강력 드라이어를 당신 화장실에 설치하세요. 엄청난 바람이 당신의 손과 머리를 말려 줄 것입니다. 마감이 임박해지고 있습니다. 빨리 신청하세요. 사은품으로 끼울 수 있는 가짜 머리도 드립니다."

쇼핑호스트가 정신없이 떠들어 댔다.

"그래! 바로 저거야. 내가 찾던 게…… 화장실에서 모든 걸 다 해결하는 거야. 비데가 있어 휴지도 필요 없는데 저것만 있으면 수건도 필요 없겠어."

나홀로 양은 즉시 전화를 걸어 싱싱전자의 초강력 드라이어를 주문했다.

그리고 며칠 후 그녀의 화장실 벽에는 초강력 드라이어가 설치되었다. 홈쇼핑 광고처럼 손을 씻고 드라이어에 가져다 대면 저절로 말라 수건이 필요 없게 되었다.

"정말 대단한 바람이야."

나홀로 양은 드라이어에 대한 찬사를 아끼지 않았다. 다음 날 나홀로 양은 머리를 감은 뒤 그녀의 긴 생머리를 드라이어에 가져다 댔다. 그런데 드라이어가 작동을 하지 않았다.

"왜 안 돼지?"

나홀로 양은 혹시 플러그가 빠진 게 아닌가 하고 살펴보았지만 플러그는 꽂혀 있었다.

"이상한데…… 손을 대 볼까?"

나홀로 양이 손을 갖다 대자 '위잉' 하며 바람이 나왔다. 하지만 다시 머리카락을 대자 아무 반응도 보이지 않았다. 화가 난 나홀로 양은 허위 광고를 한 홈쇼핑 측과 싱싱전자를 화학법정에 고소했다.

핸드 드라이어의 센서는 적외선 방식으로 빛을 방출하여
반사된 빛을 감지합니다. 그런데 검은 물체는 모든 빛을 흡수하는
성질이 있으므로, 검은 머리카락을 핸드 드라이어에 대면
흡수된 적외선을 반사할 수 없어 작동되지 않습니다.

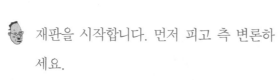

핸드 드라이어가 머리를 말릴 때
작동하지 않는 이유는 뭘까요?
화학법정에서 알아봅시다.

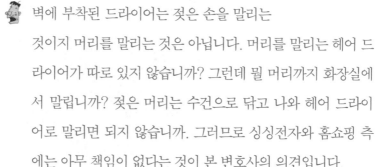

🧑 재판을 시작합니다. 먼저 피고 측 변론하
세요.

🧑 벽에 부착된 드라이어는 젖은 손을 말리는
것이지 머리를 말리는 것은 아닙니다. 머리를 말리는 헤어 드
라이어가 따로 있지 않습니까? 그런데 뭘 머리까지 화장실에
서 말립니까? 젖은 머리는 수건으로 닦고 나와 헤어 드라이
어로 말리면 되지 않습니까. 그러므로 싱싱전자와 홈쇼핑 측
에는 아무 책임이 없다는 것이 본 변호사의 의견입니다.

🧑 원고 측 변론하세요.

🧑 증인으로 드라이어 연구소의 마르미 박사를 요청하는 바입
니다.

깡마른 체구의 30대 남자가 증인석으로 걸어 들어왔다.

🧑 드라이어와 헤어 드라이어는 다른 건가요?

🧑 보통 드라이어는 바람으로 젖은 것을 말리는 기계를 말합니
다. 젖은 손을 말리는 핸드 드라이어와 젖은 머리를 말리는

헤어 드라이어가 있지요.

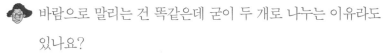
바람으로 말리는 건 똑같은데 굳이 두 개로 나누는 이유라도 있나요?

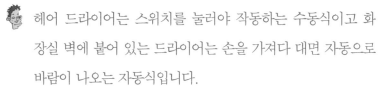
헤어 드라이어는 스위치를 눌러야 작동하는 수동식이고 화장실 벽에 붙어 있는 드라이어는 손을 가져다 대면 자동으로 바람이 나오는 자동식입니다.

그건 알겠어요. 그럼 핸드 드라이어에 머리카락을 가져다 대면 어떻게 되나요?

아무 작동도 하지 않습니다.

왜 그런 건가요?

핸드 드라이어의 센서는 적외선 방식이라 빛을 방출하여 반사된 빛을 감지하지요. 그런데 검은 물체는 모든 빛을 흡수하는 성질이 있습니다. 자연히 핸드 드라이어에서 나오는 적외선도 흡수하고요. 그러므로 센서에 반응할 반사된 빛이 없으니까 검은 물체로는 핸드 드라이어를 작동시킬 수 없는 것입니다.

센서 때문에 그런 것이군요.

그렇습니다.

그럼 머리카락이 하나도 없는 대머리가 머리를 갖다 대면 어떻게 됩니까?

작동합니다.

그러니까 대머리에게만 핸드 드라이어가 헤어 드라이어의 기능을 가지는군요.

대머리뿐 아니라 다른 색깔로 염색한 머리에도 작동합니다.

존경하는 재판장님, 홈쇼핑에서는 분명히 싱싱전자의 드라이어로 손과 머리를 모두 말릴 수 있다고 했습니다. 하지만 머리에는 드라이어가 작동하지 않으므로 이 광고는 사기라고 생각합니다.

맞습니다. 안 되는 기능을 광고하는 것은 명백한 사기 행위죠. 그러므로 이번 사건은 머리는 말릴 수 없다는 점을 알려주지 않은 싱싱전자와, 소비자들에게 머리를 말릴 수 있다고 광고한 홈쇼핑 측에 모든 책임을 묻겠습니다.

# 샤프심 조명

전기회로 장치에 샤프심을 연결하면 왜 전구에 빛이 들어올까요?

"댁의 아드님은 공부를 잘해서 좋겠어요."

"별 말씀을요. 아직 한 번도 1등을 해 보지 못했는걸요."

"우리 아들이 전교 2등 하면 난 업고 다닐 거예요."

"어머머, 그래도 1등이 최고죠. 호호호."

학교에서 돌아온 늘이등은 문 밖에서 콧소리 섞인 엄마의 목소리를 듣고는 한숨을 내쉬었다.

"오늘은 손님이 좀 늦게 가셨으면 좋겠다."

늘이등은 중학교에 들어온 이후 계속해서 전교 2등을 해 늘 엄마의 잔소리를 듣고 있었다. 엄마 고미호는 손님들 앞에서는 자상하고 상냥한 엄마였지만, 늘이등 앞에서는 〈전설의 고향〉에 나오는 구미호처럼 무서운 엄마였다.

"다녀왔습니다."

"어머, 아~드을! 왜 이렇게 늦게 왔어? 서점에 문제집 사러 갔었나 보네. 호호, 우리 아들은 문제집 사기가 취미랍니다."

"엄마, 나 공부하러 들어갈게요."

"그래, 아~드을! 쉬어 가면서 해. 호호호."

"어머, 학교에서 돌아오자마자 공부하나 봐요."

"네, 얼마나 기특한지. 제가 건강 해친다고 쉬어 가며 하라고 해도 늘 저러지 뭐예요."

"매일 게임만 하는 우리 아들과는 다르네요. 부러워라."

늘이등은 얼른 방으로 들어왔다. 언제 손님이 가시고 엄마가 구미호로 변하여 천둥 같은 목소리로 잔소리를 하실지 두려워 가슴이 쿵쾅거렸다.

"오늘 산 문제집은 뭐였더라. 아휴, 다른 문제집들은 어디 놓지? 일단 여기 놓고."

늘이등의 책장은 문제집이 넘쳐 더 이상 꽂을 데가 없었다. 책상 위에 높게 쌓인 문제집은 위태로워 보였고, 책상 밑과 침대 옆에도 산처럼 쌓여 있었다.

'하루에 문제집 한 권씩 풀 것.'

고미호가 아들에게 정해 준 목표였다. 이 과제를 다 하지 못하는 날은 편히 잠들 수 없었다. 늘이등이 한숨을 쉬며 문제집을 책상 위에 놓는 순간 쌓여 있던 책들이 무너졌다.

"우르릉 쾅!"

"아드을~ 무슨 일이야?"

"아, 아무것도 아니에요."

"윗집에서 애들이 뛰나 봐요. 우리 아들 공부 방해되게 왜 저러는지 몰라."

늘이등은 자신을 덮친 책들을 치우고 의자에 앉았다. 문제집을 치우다가 엄마한테 들키면 또 잔소리를 들을 게 뻔했기 때문이다.

늘이등은 샤프를 꺼내서 문제를 풀려고 했다. 그런데 샤프심이 없었다. 볼펜도 나오지 않았다. 늘이등은 갑자기 초조해지기 시작했다. 엄마가 세운 '하루에 문제집 한 권씩 풀기'라는 과제를 해내지 못할 것만 같았다. 그때 고미호가 방 안으로 들어왔다.

"늘이등! 공부 안 하고 뭐하고 있어?"

"아니, 엄마 그게……."

"엄마가 하루에 한 권 풀라고 했지? 이렇게 우물쭈물하고 있다 간 밤을 새도 못 풀겠다."

"나도 하고 싶다고요. 그런데……."

"그런데 뭐? 빨리 공부하지 못해? 이번엔 전교 1등 해야 할 것 아냐. 전교 1등!"

"엄마, 샤프심이 없어요. 볼펜도 안 나와요. 그럼 손에 잉크 발라서 써요?"

"쯧쯧, 샤프심 하나 못 챙기고. 공부할 자세가 안 되어 있어. 그러니까 만년 2등인 거야. 지금 장 보러 나갈 거니까 올 때 사 올게. 그동안 논술 잡지나 읽고 있어."

고미호는 문을 꽝 닫고 나갔다. 엄마 잔소리가 심하긴 했지만 늘 이등은 잠시 동안이라도 문제집에서 해방되었다는 사실이 기뻐 소리를 질렀다.

고미호는 서둘러 학용품을 싸게 판다는 C마켓으로 갔다. C마켓에서는 비굴남이 웃으며 고미호를 맞이하였다.

"어서 오세요, 손님."

"나 급해요. 샤프심 100개들이 상자 다섯 개만 주세요."

"어디서 문구점 하시나 봐요. 장사는 잘 되시나요? 우리는 불경기랍니다."

"아, 그런 말 필요 없고 빨리 주기나 하세요."

"네네, 알겠습니다. 뭐가 그리 급하신지."

"어서 달라니까요!"

"네, 알겠습니다. 그렇게 화내시면 제가 섭섭하죠. 하하."

비굴남은 겉으로 웃고 있었지만 속은 부글부글 끓었다. 그러나 주방 보조로 힘들게 일하는 아내와 아빠 엄마를 목 빠지게 기다리고 있을 아이들을 생각하며 간신히 참았다.

"여기 있습니다, 손님. 저희 가게는 택배로도 보내 드립니다. 그렇게 해 드릴까요?"

"아뇨, 제가 들고 갈 거예요."

"그래도 힘드실 텐데."

"참, 말 많으시네요. 얼마예요?"

"다 해서 9만9천 원입니다."

"왜 이렇게 비싸요. 깎아 주시면 안 돼요?"

"손님, 지금도 남는 것 없는 장사인데 더 깎으면 안 되죠."

"종업원이라 잘 모르시나본데 저 여기 단골이에요, 단골! 사장님한테 말해야겠네. 종업원이 불친절하다고."

비굴남의 얼굴이 하얗게 질렸다. 만약 여기서 잘리면 아내와 아이들을 데리고 차가운 길거리로 나앉게 될 것이기 때문이다. 결국 또 비굴하게 웃으면서 말했다.

"손님 화 푸세요. 제가 종업원이라 함부로 그렇게 못하는 거지, 싫어서 그런 건 아니에요. 엇, 사장님 오셨습니까?"

"뭐 하는 거야? 손님한테 불친절하게."

"그게 아니라 이분께서 물건 값을 깎아 달라고 하셔서요. 단골이라고 하시던데요."

왕짜다 사장의 얼굴이 순간 일그러졌다.

"아줌마, 사기 싫으면 다른 가게 가시든가…… 왜 단골이라고 거짓말까지 하시는지 모르겠네. 우리 가게는 절대로 물건 값 안 깎아 드립니다."

고미호는 더 따지고 싶었지만 집에서 공부 못하고 있을 아들이 불현듯 떠올랐다. 그래서 오늘은 참기로 했다. 하지만 앞으로 불매 운동을 벌여서라도 오늘 당한 수모를 꼭 갚아야겠다고 결심했다.

"9만9천 원이라고요? 여기 10만 원 있어요."

그때 갑자기 정전이 되었다.

"참, 오늘 전기 공사를 맡겼는데 지금 시작하나 보네. 손님, 거스름돈을 드려야 하는데 잘 안 보여서 그러니 10분만 기다려 주시겠어요?"

"바빠 죽겠는데 어떻게 10분씩이나 기다려요. 절대 못 기다려요."

"그래도 뭐가 보여야 제대로 잔돈을 드릴 게 아닙니까."

"바쁘다니까요. 이 가게는 왜 이렇게 불친절해? 빨리 주세요."

왕짜다 사장은 더듬거리며 대충 천 원짜리라고 생각되는 지폐를 한 장 건네주었다. 고미호는 거스름돈을 획 가로채고는 빠른 걸음으로 가게를 나왔다.

"그 아줌마 성질 되게 급하네. 그러고 보니 천재중학교에서 만년 2등 하는 늘이등 엄마 아니야? 아들 공부 혹독하게 시킨다고 아파트에 소문이 자자하던데."

"사장님, 그러면 샤프심 다섯 상자 사 간 이유가?"

"당연히 아들 공부하는 데 지장 안 받게 하려는 거지. 독하다 독해."

고미호는 빛의 속도로 걸어 집에 도착하였다. 그녀는 아들에게 샤프심을 주고 가계부를 쓰기 위해 식탁에 앉았다. 그런데 지갑 속에는 돈이 더 들어 있었다.

"분명 2천 원이 있어야 하는데 왜 만천 원이 있지? 이상하네. 내가 잘못 계산했나?"

고미호는 영수증을 보고 꼼꼼하게 체크했지만 여전히 돈이 남았다. 그때 초인종이 울렸다. 고미호는 옥구슬 굴러가는 목소리로 대답했다.

"누구세요?"

"나 왕짜다 사장이요. 빨리 문 열어요."

"어쩐 일이세요?"

"아까 거스름돈을 잘못 줬어요. 천 원짜리인 줄 알았는데 만 원짜리를 줬더라고요. 어서 돌려주세요."

고미호는 어느새 구미호로 변해 있었다.

"아니, 거스름돈 잘못 준 건 당신인데 그걸 왜 돌려줘야 하나요?"

"그러니까 내가 여기까지 온 것 아니오. 아까 아줌마가 급하다고 하지만 않았어도 실수 같은 건 안 했죠."

"그러게 누가 그때 전기 공사를 하래요? 미리 못한 그쪽 잘못이지."

고미호와 왕짜다 사장은 옥신각신하다가 결국 화학법정에 서로 고소하기에 이르렀다.

샤프심의 원료는 흑연입니다. 그리고 흑연은 탄소로 이루어진 전기가 잘 통하는 물질입니다. 따라서 샤프심을 전구의 필라멘트로 사용한다면 도체 역할을 해 전구에 빛이 들어 오게 됩니다.

샤프심에 전기가 통할까요?
화학법정에서 알아봅시다.

판결을 시작하겠습니다. 피고 측 변론하
세요.

이건 간단한 문제입니다. 고미호 씨가 거
스름돈을 제대로 받으면 됩니다.

화치 변호사, 여긴 화학법정입니다. 화학적인 변론은 못합
니까?

존경하는 재판장님, 제 말씀 좀 들어 보세요. 여긴 물론 화학
법정이지만 이건 양심상의 문제라고 봅니다. 게다가 피고인
왕짜다 사장은 직접 고미호 씨 댁으로 찾아가기까지 했습니
다. 오히려 고마워해야 하는 것 아닙니까? 아무튼 고미호 씨
가 거스름돈을 제대로 받기만 하면 되는 겁니다.

맞는 말이긴 하네요. 원고 측 변론하세요.

피고 측의 주장처럼 양심상의 문제로 끝날 수도 있습니다. 하
지만 정전을 미연에 방지하지 못한 피고 측에도 잘못이 있습
니다.

이의 있습니다. 원고 측의 주장대로라면 피고 측이 양초라도
준비해서 불을 밝혀야 하지만, 문구점에서는 아주 위험한 일

이라고 봅니다.

양초 말고 다른 방법을 썼더라면 문제가 없었을 것입니다. 공화고등학교 화학교사 서리번 씨를 증인으로 요청합니다.

깔끔한 정장을 입은 30대 여성이 증인석에 앉았다.

정전이 되었을 때 양초를 사용하기가 위험한 곳에서는 어떤 방법으로 대처하면 되겠습니까?

여러 가지 방법이 있지만, 이번과 같이 문구점에서 정전이 될 경우 간단한 전기회로로 불을 밝혔으면 됐을 것입니다.

그렇다면 전기회로에 대해 자세히 설명해 주십시오.

우선 전구와 전기선, 그리고 건전지가 필요합니다. 그러면 적어도 계산대를 비출 정도의 밝기는 됐을 것입니다.

만약 전기선 하나밖에 없는 경우에는 어떻게 해야 합니까?

그러면 전기선을 잘라 두 개로 만든 후 전기선 안에 있는 금속 부분과 전기가 통하는 물질을 연결시키면 되는데, 이번 사건에 등장한 샤프심으로도 가능합니다.

질문 있습니다. 샤프심이 금속도 아니고 어떻게 전기가 통한다는 겁니까?

제가 가져온 비디오테이프를 한번 틀어 보겠습니다. 실험 장면이 나오지요? 실험을 통해서 보여 드리도록 하죠.

　서리번 선생님이 비디오테이프를 틀자 한 남자가 실험하는 장면
이 나왔다. 남자는 꼬마전구가 연결된 전기회로를 만들더니 전선
사이에 샤프심을 연결했다. 그러자 전구에 불이 들어왔다.

샤프심에 전기가 통하는 이유가 무엇이죠?

샤프심의 원료가 흑연이기 때문입니다.

**흑연이 무엇입니까?**

흑연은 탄소로 이루어진 전기가 잘 통하는 물질입니다. 만약
　샤프심을 전구의 필라멘트로 사용한다면 전구의 밝기는 양

초 밝기의 두 배 정도 될 것입니다.

문구점에서는 당연히 어린이들의 학습용 전기회로 장치를 팔았을 것입니다. 설사 전기선이 모자란다 하더라도 샤프심을 연결하면 전기가 통할 거라는 사실을 알았더라면, 거스름돈을 잘못 주는 실수 같은 건 하지 않았을 것입니다.

판결하도록 하겠습니다. 흑연으로 만든 샤프심은 전기가 잘 통하는 물질이므로 샤프심을 연결하여 전구에 불을 밝혔다면 거스름돈을 주는 과정에서 실수가 없었을 것입니다. 그러나 주인이 찾아와 거스름돈을 제대로 주려 하였으나 이를 거절한 고미호 씨의 잘못도 있으므로 양쪽 모두에게 잘못이 있음을 인정합니다.

재판이 끝난 후, 고미호는 C마켓 불매 운동을 벌이려 하였으나 실패로 돌아갔다. 그리고 C마켓 사장은 그날 이후 계산대 옆에 항상 전기회로를 두게 되었다.

 도체와 부도체

도체란 전기나 열에 대한 저항이 매우 작아 전기나 열을 잘 전달하는 물체로 도체에는 은, 구리, 알루미늄 등이 있습니다.
반면 상대적으로 전기나 열을 전달하는 크기가 작은 고무나 나무 같은 물체를 부도체라고 합니다.

# 주유소 폭발 사건

주유소에서 휴대전화를 사용하면 안 되는 이유는 뭘까요?

"진숙이? 아아, 진영이. 미안, 미안 베이비. 오해 하지 말고 들어. 진숙이는 내 사촌동생 이름이야. 이 오빠는 우리 베이비밖에 없어. 알잖아?"

"영희야, 연락 안 해서 화났구나? 미안, 미안. 이 오빠가 좀 바쁘잖니. 우리 자기 먹여 살리려면 열심히 일해야 하잖아. 오빠 지금 회의 들어가야 돼. 자기야~ 알라뷰. 쪽!"

쉴 새 없이 울리는 휴대전화 벨 소리. 카사노바 저리가라 할 정 도로 많은 여자들을 거느리는 이바람은 오늘도 수많은 여자들의 전화를 받으며 스케줄을 점검하고 있었다.

"열두 시에 대희와 영화 보고, 네 시에는 가안이와 드라이브, 일곱 시에는 희손이랑 레스토랑에서 저녁 먹기. 오늘도 바쁜 하루가 되겠군."

이 바람은 44사이즈 다이어트 식품 판매 사원이었다. 자신의 바람둥이 기질로 많은 여자들을 유혹한 다음 그 여자들에게 다이어트 식품을 팔았기 때문에 몇 년째 영업 실적 1등을 달리고 있었다.

"오늘은 어떤 옷을 입고 갈까? 메르사체 정장은 너무 많이 입어서 질리고, 샤늘 남방에 립아이스 청바지로 캐주얼하게 입어야겠군. 그리고 갈아입을 옷도 몇 벌 챙겨야지."

이바람은 샤늘 남방에 립아이스 청바지를 입고 머리를 다듬어 바람에 날리도록 했다. 그리고 마지막으로 십찌 선글라스를 썼다. 이바람의 조그맣고 하얀 얼굴과 큰 키가 유난히 돋보이는 패션과 어울려 마치 꽃미남 연예인 같았다.

"오늘도 햇살이 눈부시군. 이 밝은 햇살이 나만을 비추는 것 같아. 하하하!"

이바람은 흩날리는 머리를 손으로 쓰윽 한 번 쓸어 올렸다. 그때 옆에 지나가던 여자 두 명이 소곤거렸다.

"어머, 저기 봐. 정말 멋지다."

"연예인 아니야? 우리 말 걸어 볼까?"

"무슨 소리야. 저 사람이 우리 같은 거 쳐다보기나 하겠어?"

이바람은 여자 목소리라면 100미터 밖에서라도 들을 정도로 발달된 두 귀로 여자들의 대화를 엿들었다. 그리고 곧바로 살인 미소를 날리며 말했다.

"아가씨들 안녕? 오늘 날씨가 좋네요."

두 여자는 휘둥그레진 눈으로 수줍어하며 대꾸했다.

"어머, 깜짝 놀랐어요. 안녕하세요?"

"놀라실 것까지야, 허허. 어디 가서 차나 한 잔 하고 싶은데 지금은 제가 바빠서 안 되겠고, 다음에 언제 시간 되세요?"

"어머, 정말 그래도 돼요?"

"당연하죠. 이렇게 아름다운 여성들을 어디서 또 만날 수 있다고…… 전화번호가 어떻게 되시죠?"

이바람은 전화번호를 저장한 뒤, 황홀함에 빠진 두 여자를 배웅해 주었다.

"난 역시 완벽해. 하하하!"

이바람은 오늘도 두 명의 고객을 확보했다는 생각에 기분이 좋았다.

"우리 애마 잘 있었어? 이 오빠가 없는 동안 외로웠지?"

무리해서 구입한 신형 빨간색 스포츠카. 이 차 없는 이바람은 이빨 없는 호랑이나 마찬가지였다.

"오늘도 가 보실까. 어, 기름이 없네? 우리 애마 배고팠던 거야? 오늘도 달리려면 많이 먹어야지. 밥 먹으러 가자."

이바람은 근처에 있는 씨에스 주유소에 들렀다. 혹시 뚱뚱한 여자가 다가오지 않을까 기대했는데, 어린 남자가 걸어오는 것을 보자 이바람은 실망했다.

"손님, 씨에스 주유소에 오신 것을 환영합니다. 기름 얼마나 채워 드릴까요?"

"가득!"

이바람은 건성으로 대답했다.

"손님, 이것은 3만 원 이상 고객께 드리는 선물입니다."

주유소 직원은 황금색 돼지 저금통을 건네주었다. 이바람은 그것을 받자마자 뒷자리에 휙 던져 버렸다. 주유소 직원은 그 모습을 보고 기분이 나빴지만 억지로 웃음을 보였다. 이바람은 대희에게 전화를 걸기 위해 휴대전화를 꺼냈다.

"손님, 주유 중에는 휴대전화 사용을 하시면 안 됩니다."

"아니, 왜요?"

"주유소의 방침입니다."

"그런 게 어디 있어요? 방침이라니. 누구 사업 망하게 할 일 있어요?"

"정말 죄송합니다. 휴대전화는 나중에 사용해 주세요."

"보자 보자 하니까 원! 왜 안 되는데? 대한민국에 안되는 게 어디 있니?"

"여기 있습니다. 절대 안 됩니다. 여기 휴대전화 사용 금지 표시도 있지 않습니까."

"이유도 설명해 주지 않고 무조건 하지 말라니 기분 나쁘네. 이 버릇없는 친구야."

주유소 직원은 더 이상 참지 못하고 폭발하고 말았다.

"휴대전화를 끄라면 끌 것이지 왜 시비야?"

"이제 반말까지 하네. 나 언제 봤다고 반말이야? 나 알아?"

"너 모른다, 왜? 척 보니까 머리 텅텅 빈 바람둥이인 건 알겠네."

"바람도 능력이야. 너는 바람 같은 거 필 수나 있어? 금동자처럼 생겨 가지고."

"뭐 금동자? 잘생겼으면 다야?"

"그래 다다. 난 휴대전화 사용할 거니까 어디 맘대로 해 봐."

이바람은 휴대전화에서 대희의 번호를 찾아 눌렀다. 잠시 후 통화음이 가는 순간 차 주위에서 펑 하는 폭발음이 들렸다.

"나의 애마, 흑흑. 어쩔 거야?"

"그러니까 내가 휴대전화 사용하지 말랬잖아. 그나저나 우리 주유소 망했다. 엉엉."

"당신이 잘못해서 이렇게 된 것 아냐. 내 애마 물어내!"

"무슨 소리야. 당신이 휴대전화를 사용하는 바람에 이렇게 된 거야. 내 주유소는 어쩔 거야?"

"휴대전화 사용이랑 폭발이랑 무슨 상관이야?"

"안 되겠네. 당신을 화학법정에 고소하겠어."

휴대전화의 버튼을 누를 때 전류가 흐르게 됩니다.
주유소에서 휴대전화를 작동시키면 전기의 방전이 일어나면서
공중에 떠다니는 유증기에 불이 붙을 수도 있습니다.

과학공화국
화학법정 4

여기는 **화학법정**

주유소에서는 왜 휴대전화를 사용하면 안 될까요?
화학법정에서 알아봅시다.

 피고 측 변론하세요.

 주유소 직원은 왜 휴대전화를 사용하면 안

되는지 이유를 설명해 주지 않았고, 휴대

전화에서 발화 물질 같은 것도 나오지 않았습니다. 따라서 피

고 측은 아무 잘못이 없으며, 주유소 측에 문제가 있었을 것

입니다. 그러니 주유소 측에서 이바람 씨에게 차 값을 물어줘

야 합니다.

 원고 측 변론하세요.

우리가 늘 주유소에 가면 시동을 끄라고 합니다. 또 휴대전화

사용을 자제하라고도 하지요. 왜 그런 걸까요? 석유화학 연

구소장 기름져 박사를 증인으로 요청합니다.

얼굴이 번들거리는 기름져 박사가 증인석에 앉았다.

주유소에 가면 차 시동을 끄라고 하거나 휴대전화 사용을 하

지 말라고 하는데 그 이유가 있습니까?

물론이죠. 그것들이 화재를 일으킬 수 있거든요.

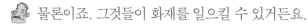

어째서 그렇죠?

주유소에는 눈에 보이지 않는 수많은 유증기들이 떠다니고 있습니다.

유증기가 무엇인가요?

케미 변호사, 증인의 말을 가로막지 마세요.

유증기란 기름이 증발하여 기체처럼 떠다니는 것을 말합니다. 이것들은 조그마한 불씨라도 만나면 금방 불이 붙습니다. 가스와 비슷한 것이라고 생각하시면 됩니다.

그런데 자동차나 휴대전화에서는 불씨 같은 것이 없지 않습니까?

눈에 보이지는 않지만 불씨 역할을 하는 것이 있습니다. 바로 전기입니다. 휴대전화 버튼을 누를 때 전류가 흐르게 되는데, 이때 전기 방전이 일어나면서 유증기에 불을 붙이는 겁니다. 자동차의 경우 엔진이 작동할 때 전기를 흘려 주게 되는데 이

**정전기야 물러가라!**

정전기는 마찰 전기처럼 정지하고 있는 전기를 말하며 습도가 낮은 건조한 날씨에 발생하기 쉽습니다.

스웨터를 벗다가 따끔한 정전기를 느낀 경험은 누구나 있을 것입니다. 스웨터 같은 옷을 빨 때는 섬유 유연제를 넣어 주면 정전기를 줄일 수 있지요. 또 치마와 스타킹이 스치면서 발생하는 정전기를 줄이기 위해서는 다리에 약간의 로션을 발라 습기를 유지하는 방법도 있습니다. 금속 물체를 잡을 때는 바로 잡지 말고 먼저 손을 살짝 대어 정전기를 방전시킨 후 잡으면 다소 피해를 줄일 수 있으며 천연 섬유를 씌워 두는 것도 한 가지 방법이지요.

전기 역시 발화의 원인이 됩니다.

자신이 직접 주유하다가 옷에서 생기는 정전기 때문에 불이 붙는 경우도 있는데 이것도 비슷한 경우입니까?

네, 정전기도 일종의 전기지요. 따라서 정전기가 일어나면서 유증기에 불을 붙이는 겁니다.

주유소 주변에는 우리 눈에 보이지 않는 수많은 유증기가 떠다니고 있고, 이들이 조그마한 불씨를 만나게 되면 바로 불이 붙습니다. 그래서 불씨 역할을 할 수 있는 자동차 엔진을 끄거나, 휴대전화 사용을 하지 말아 달라고 하는 것입니다.

판결하겠습니다. 우리 눈에 보이지 않지만 조그마한 불씨 하나라도 만나면 바로 불이 붙는 유증기들이 주요소에 떠다니고 있고, 방전으로 인해 불이 붙을 수 있는 것을 예방하기 위해 주유소에서는 시동을 끄라고 한다든지 휴대전화 사용을 하지 말라고 합니다. 그러므로 휴대전화 사용을 중지해 달라는 직원의 요청에도 불구하고 이를 무시한 이바람 씨에게 잘못이 있음을 선고합니다.

판결이 내려진 후, 이바람은 주유소 측에 손해배상을 하느라 힘들었다. 차가 사라지자 자신을 따르던 여자들도 하나 둘 떠나갔고, 결국 영업부 만년 일등 자리를 다른 사람에게 내줄 수밖에 없었다.

# 굴비 전지

소금에 절인 굴비에 정말로 전기가 통할까요?

사건속으로

"여전히 파리만 날리는군. 오늘 저녁에도 생선 반
찬이면 우리 딸이 화낼 텐데."

생선사 씨는 오늘도 생선 가게가 잘 되지 않자
한숨을 내쉬며 앉아 있었다. 아내가 병으로 세상을 떠난 후 막노동
을 하며 공사장을 전전하다가 겨우 차린 생선 가게가 잘되지 않아
늘 하나밖에 없는 딸에게 생선 반찬을 해 줄 수밖에 없었다.

"아빠, 오늘 저녁도 생선 반찬이면 나 밥 안 먹을 거야."

아침에 삐죽 나온 입으로 반찬투정을 하던 딸이 생각나자 생선
사 씨의 걱정은 더욱 심해졌다. 그때 손님이 한 명 들어왔다.

"어서 오세요, 손님. 이제 막 들어온 싱싱한 생선이 아주 많이 있습니다."

"고등어 있나요?"

"예, 여기 있습니다. 다른 생선 가게는 물건을 못 들여서 안달인데, 우리 가게는 매일 아침마다 싱싱한 물건을 들여오고 있지요."

손님은 고등어 몸통을 쿡쿡 찔러 보기도 하고 요리조리 주무르며 유심히 살펴보았다.

"싱싱하긴 하네요."

"네네, 아주 싱싱하다니까요. 다른 가게에서는 이런 물건 못 사요."

생선사 씨는 고등어를 팔 수 있겠다는 기대감에 잔뜩 부풀어 있었다.

"다음에 올게요."

그러나 손님은 탐탁지 않은 표정으로 휑하니 가 버렸다. 생선사 씨는 너무 실망한 나머지 그 자리에 털썩 주저앉아 버렸다. 오늘도 장사는 끝이라는 생각에 가게를 정리하려는데 가게 근처 잘나가요 식당 주인이 들어왔다.

"장사 접으실라꼬요? 생슨 좀 사 갈라 캤더니."

"아, 아닙니다. 장사합니다. 어떤 생선을 찾으세요?"

"고딩어 열 마리랑 굴비 20마리, 또 뭐가 있더라? 아, 맞다. 깔치 열 마리만 주이소."

생선사 씨는 가벼운 손놀림으로 신이 나서 생선을 다듬어 주었다.

"얼만교?"

"다 해서 10만 원입니다."

"아이고 마마, 비싸네. 2만 원만 깎아 주이소."

"에이, 그러면 전 뭘 먹고 살라고요."

"여기 생슨이 싱싱하다고 하길래 단골도 버리고 찾아왔더니만 이래뿌네. 싫으면 관두소. 단골집 가서 살란다."

"아, 아닙니다. 그럼 8만 원 주세요."

"진작 그랄 것이지. 자주 올 테니깐 부탁 좀 하입시더."

생선사 씨는 손해 보는 느낌이 들었지만, 그래도 오늘은 딸에게 맛있는 반찬을 해 줄 수 있다는 생각에 신이 났다. 가게 문을 닫고 당장 읍메 정육점에 들러 고기를 샀다.

"강주야, 아빠 왔다. 오늘은 우리 강주 주려고 맛있는 고기 사 왔어."

"와, 오늘은 생선 반찬 아니야? 아빠 최고!"

강주는 어느 때보다도 맛있게 저녁을 먹었다. 생선사 씨는 그런 딸을 보며 흐뭇한 미소를 지었다.

"맞다, 아빠. 오늘 과학 시간에 배웠는데 소금물에서도 전기가 통한데. 신기하지?"

"에이, 아빠는 못 믿겠는걸."

"아니야, 내가 보여 줄게."

강주는 책가방에서 주섬주섬 전기선과 건전지, 꼬마전구를 꺼내 연결시켰다. 그리고는 물이 담긴 그릇에 소금을 타서 그 속에 전깃 줄을 집어넣었다. 그러자 꼬마전구에 희미한 불빛이 들어왔다.

"어때? 내 말이 맞지?"

그때 생선사 씨의 머릿속에 굉장한 아이디어가 하나 떠올랐다.

"우리 딸, 최고! 알라뷰!"

생선사 씨는 몇 번의 실험 끝에 굉장한 생선을 하나 만들었다. 그리고는 온 시장 안을 떠들고 다녔다.

"굴비에서 빛이 나요. 전구에 불이 들어오게 하는 굴비를 보러 오세요. 별이 빛나는 밤에 빛나는 굴비 보러 오세요."

시장 사람들은 그런 생선사 씨를 보며 어이없어 하였다.

"생선이 안 팔리니까 미쳤나 보다. 어쩌면 좋아."

"아이고 불쌍해라. 근데 진짜 빛나는 거 아냐?"

"에이 설마. 굴비가 전기뱀장어가 되지 않는 이상 절대 빛날 수 없어."

"아니야, 진짜일지도 모르잖아. 내기할까?"

"그래, 얼마씩 걸 건데? 만 원?"

"좋다, 만 원!"

호기심이 발동한 시장 사람들은 생선사 씨의 가게로 모여들었 다. 생선사 씨는 마술사 복장으로 사람들을 맞이하고 있었다.

"눈을 크게 뜨고 잘 보셔야 합니다. 전구에서 빛이 납니다. 하나,

둘, 셋!"

사람들은 자신의 눈을 의심하였다. 정말 전구에서 빛이 나고 있었다.

"어떻게 된 거야? 내 눈에 뭐가 씌었나. 신기하다, 신기해."

그날 이후 생선사 씨의 가게에는 밤마다 많은 사람들이 모여들어 빛나는 굴비에 감탄하였다. 그리고 생선은 날개 돋친 듯 팔렸다. 그러나 이를 곱지 않게 보는 이들이 있었는데, 다름 아닌 시장의 다른 생선 가게 사람들이었다. 이들은 안티 생선사라는 조직을 결성하여 생선사 씨 가게로 쳐들어갔다.

"이보쇼, 사기꾼 씨. 그렇게 사기 치니까 기분 좋소?"

"사기라니. 난 절대 사기 치지 않았어."

"그건 굴비가 아니라 로봇이지? 그렇지 않고서는 빛이 날 리 없지."

"아니야. 그렇게 의심이 되면 로봇인지 확인해 봐."

안티 생선사 회원들이 요리조리 꼼꼼하게 살펴보았으나 그것은 그저 소금에 절인 굴비일 뿐이었다. 그들은 더 화가 났다.

"이건 분명 사기야. 빛나게 하는 굴비는 따로 숨겨 놨지? 빨리 못 내놔?"

"당신들이 뭔데 남의 가게에 와서 이래라 저래라 하는 거야?"

"당신의 사기를 파헤칠 정의의 사도들이다, 왜?"

"기가 막히네. 그럼 화학법정에서 내가 결백하다는 걸 증명해 보이겠소."

생선사 씨는 자신의 결백을 밝히기 위해 안티 생선사 회원들을
화학법정에 고소하였다.

소금은 고체 상태에서는 전기가 통하지 않지만
물에 녹으면 전기가 통하는 전해질이 됩니다.

소금에 절인 굴비에 전기가 통할까요?
화학법정에서 알아봅시다.

 재판을 시작하겠습니다. 피고 측 변론하
세요.

 전기가 통하는 물질은 대개 금속이나 탄소
성분이 있는 것들입니다. 그런데 금속도 아니고, 더군다나 샤
프심같이 탄소 성분도 아닌 굴비에 어떻게 전기가 통한다는
겁니까? 굴비가 무슨 전기뱀장어도 아니고. 그러므로 생선사
씨는 거짓말을 하고 있는 게 분명합니다.

원고 측 변론하세요.

일반 굴비에는 전기가 잘 통하지 않습니다. 그러나 생선사 씨
가 사용한 굴비는 소금에 절인 굴비였습니다. 공화고등학교
화학교사 서리번 씨를 증인으로 요청합니다.

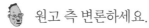

깔끔한 정장을 입은 30대 여성이 증인석에 앉았다.

소금에 절인 굴비는 왜 전기가 통하는 것일까요?

소금이 전해질이기 때문입니다. 굴비를 절일 때 소금물을 사
용했을 것이고, 소금물은 전기를 통하게 하는 물질입니다.

🧑 전해질이란 어떤 것인가요?

🧑 전해질은 고체 상태에서는 전기가 통하지 않다가 물에 녹으면 전기가 통하는 물질입니다.

🧑 어째서 물에 녹으면 전기가 통하나요?

🧑 소금은 물에 녹으면서 양이온과 음이온으로 나뉘어집니다. 쉽게 말해서 소금은 플러스 성질을 가진 물질과 마이너스 성질을 가진 물질로 이루어져 있는데, 이들이 물에 녹으면 쪼개집니다. 쪼개진 물질을 이온이라고 하죠. 이들이 물에 떠다니며 전기를 통하게 하는 것입니다.

🧑 꼭 소금만 전기를 통하게 하나요?

🧑 소금과 설탕을 가지고 비교 실험을 해 보았습니다. 화면을 보시죠.

서리번 선생님이 비디오를 틀자 한 남자가 실험하는 장면이 나왔다. 남자는 두 개의 비커에 소금물과 설탕물을 담고 그 안에 꼬마전구를 연결한 전선을 넣었다. 소금물에 연결한 전구는 불이 들어왔지만, 설탕물에 연결한 전구는 불이 들어오지 않았다.

🧑 설탕물은 왜 전기가 통하지 않는 것이죠?

🧑 설탕은 전해질이 아니기 때문입니다. 다시 말해 전해질만이 물에 녹았을 때 전기를 통하게 합니다.

소금은 고체 상태에서는 전기가 통하지 않다가 물에 녹으면 전기가 통하는 전해질입니다. 생선을 절일 때 소금을 뿌리면 생선 속의 물이 소금을 녹여 생선이 소금물과 같은 성질이 되는 것이고, 이것이 전기를 통하게 합니다. 이와 같은 원리로 소금에 절인 굴비 대신 짠지에 연결을 해도 전기가 통할 것입니다.

판결하겠습니다. 금속이나 샤프심 등 고체 상태에서 전기를 통하게 하는 물질이 있는가 하면, 소금처럼 물에 녹았을 때 전기를 통하게 하는 물질도 있습니다. 소금에 절인 굴비는 그 자체가 소금물과 비슷하며, 따라서 전선을 연결하면 전기가 통할 것입니다. 그러므로 생선사 씨의 전구를 밝히는 굴비는 사기가 아님을 선고하는 바입니다.

판결 후, 생선사 씨는 더욱 다양한 생선을 발명하여 유명한 생선 가게 주인이 되었다.

 **전해질과 이온화**

전해질이란 물 따위의 용매에 용해되어 이온으로 해리되면서 전류를 흐르게 하는 물질을 말합니다. 그리고 이온화란 전해질이 용액 속에서 중성의 분자 또는 원자에서 전자를 잃거나 얻는 등의 전자 이동이 일어나면서 전하를 띠게 되는 현상을 뜻합니다.

# 음이온 천국, 공원

나무가 울창한 공원이 우리 몸에 좋은 이유는 뭘까요?

전도완 시장은 요즘 들어 고민이 많아졌다. 이제 곧 항국시의 시장 선거가 있는데 친환경 도시 건설이라는 공략을 내세운 김다종 후보 쪽으로 유권자들의 마음이 기우는 것 같았다. 전도완 시장은 오늘도 시장실에서 담배를 피우며 고민에 빠져 있었다.

"다종이 녀석을 이기려면 뭔가 기막힌 아이디어가 있어야 할 텐데. 아, 다종이 자식은 왜 갑자기 나타나서 시장을 한다고 난리야."

전도완과 김다종은 초등학교 시절부터 라이벌이었다. 전도완은 아이들을 때리고 다니는 권위적인 성격이었으나 김다종은 어눌한

말로 사람들을 웃기고 아량이 넓은 성격의 소유자였다. 늘 전교 1,2등을 다투던 두 사람은 수재들만 모이는 항국중학교와 항국고등학교를 거쳐 과학공화국의 명문인 과학대학교에 나란히 입학하였다. 그때부터 두 사람은 늘 비교 대상이었고, 항상 전도완이 욕을 먹었기 때문에 전도완의 입장에서는 김다종이 사라져 줬으면 하는 존재였다. 그러다가 김다종이 대학을 졸업한 후 갑자기 외국으로 떠나 버렸다. 적수가 사라진 전도완은 시장 선거에 출마하여 항국시를 자기 손에 넣기 위해 비밀 결사대까지 만들었다. 그리고 자신을 욕하거나 지지하지 않는 사람들을 몰래 괴롭혀, 유례없는 100퍼센트의 찬성률로 시장이 되었다.

그는 시장 당선 이후 자신의 뜻을 따르지 않는 사람들을 괴롭히고, 시의 경제 발전 5개월이라는 당근과 채찍 전법을 사용하여 항국시를 다스리고 있었다. 그러나 영원한 것은 없었다. 외국으로 홀연히 떠났던 김다종이 다시 돌아와 항국시 시장 선거에 출마한다는 것이다. 거기다 경제 발전 5개월 때문에 나빠진 환경을 다시 복구시키겠다는 친환경 도시건설 공략까지 내세우는 바람에 전도완은 졸지에 구석에 몰린 쥐 신세가 되었다.

"시장님, 누옥시 시장님 전화입니다."

이런 상황에서 전도완은 아미카공화국 누옥시 시장의 전화가 그리 반갑지 않았다. 늘 과학공화국 말을 배운다는 이유로 쓸데없는 잡담만 늘어놓았기 때문이다. 그러나 오늘은 어쩌면 자신에게 도움이 될 수 있을지 모르겠다는 기분 좋은 예감이 들었다.

"안뇽하세요옹, 미스터 전. 잘 지내고 있나요오? 나 누옥시 시장 힐턴이오."

"오랜만이오, 미스터 힐턴. 요즘 누옥시는 잘 돌아가고 있나요?"

"당연하죠오. 여기는 늘 사람들이 마나요."

"저번보다 과학공화국 말이 많이 느셨군요."

"허허, 그러죠오? 나 아주 마니 공부하고 있어요. 다 미스터 전 때문이에요. 땡큐."

기분이 좋아진 힐턴 시장의 목소리가 고조되었다. 전도완이 건성으로 말하였다.

"누옥시는 왜 그렇게 사람이 많죠? 특히 미스터 힐턴이 시장 된 이후에 더 많아진 것 같은데."

"허허, 당연하죠오. 내가 얼마나 빌딩을 많이 지었는데요. 전부 높은 빌딩만 세웠어요. 그랬더니 사람들이 마니마니 오더라고요."

전도완은 무릎을 탁 치며 회심의 미소를 지었다.

"미스터 힐턴 덕에 좋은 아이디어를 얻었어요. 베리 베리 땡큐, 땡큐. 그럼 다음에 항국시에 꼭 오세요. 이만 끊겠습니다."

전도완은 서둘러 전화를 끊고 항국시 건설교통 개발부장인 최건물 씨를 불렀다.

"부르셨습니까, 시장님."

"자네 거기 좀 앉게. 나한테 아주 기막힌 아이디어가 있는데 말이지."

"무슨 아이디어 말씀이십니까?"

"아미카공화국 누옥시는 늘 사람들로 넘쳐나지 않는가? 그 이유가 무엇일까?"

"그 도시엔 고층 건물들이 많아서 사람들이 많이 찾지요."

"바로 그거야. 우리 항국시에도 고층 건물을 많이 지으면 사람들이 많아질 테고 관광 수입도 올릴 수 있을 거야."

"하지만 고층 건물을 지을 만한 곳이 없는걸요."

"왜 없어? 넓은 공원들 많잖아."

"하지만……."

"하기 싫다는 거야? 어허, 이 친구 안 되겠네."

최건물 씨는 전도완의 이글거리는 눈빛을 보자 식은땀이 흘렀다. 시장의 말을 거역하면 소리 소문 없이 사라진다는 소문이 있었기 때문이다.

"아, 아닙니다. 바로 착공하겠습니다."

"흐흐, 진작 그럴 것이지. 기대하고 있겠네."

그러나 그 계획은 전도완의 뜻대로 되지 않았다. 고층 건물 착공이 발표되자마자 시민환경단체에서 반발하고 나섰기 때문이다. 그들은 하루가 멀다 하고 시청 앞에서 피켓과 현수막을 들고 공원을 지키기 위해 시위를 벌였다.

"환경을 파괴하는 주범 전도완은 물러나라!"

"항국시의 공원은 우리 것이다. 고층 건물을 반대한다!"

시민환경단체는 여기서 그치지 않고 100만 시민 서명 운동과 공원이 사라지고 고층 건물이 세워지면 왜 좋지 않은지 그 이유를 사진과 함께 거리에서 전시하였다. 그 때문에 점점 많은 시민들이 고층 건물 세우기 반대 운동에 동참하였다. 전도완은 시청 앞에서 시위를 벌이고 있는 시민환경단체를 보며 이를 갈았다.

"아휴, 저것들을 다 없애 버려? 조용희 오라고 그래."

잠시 후 비밀결사대 단장인 조용희가 시장실 문을 열고 들어왔다.

"지금 저것들을 다 끌고 가서 비 오는 날 먼지 나도록 패 버려."

"하지만 시장님, 지금 그런 일을 하셨다가는 선거에 큰 지장이 있을 텐데요."

"무슨 소리야? 이때까지 잘해 왔잖아."

"지금 시민들이 환경에 대한 중요성을 인식하여 점점 그 사람에게 기울고 있습니다. 거기다가 환경단체까지 그런 일을 당했다고 하면 어떤 일이 벌어질지 상상만 해도 끔찍합니다."

"아휴, 다종이 자식! 그 자식 때문에, 악!"

전도완은 분에 못 이겨 방방 뛰고 있었다. 그때 조용희가 조용히 말했다.

"시장님, 좋은 생각이 있습니다."

"뭔데?"

"화학법정에 고소하는 겁니다. 공원이 필요한 이유를 상세히 대라고 하는 겁니다. 대답을 제대로 못하면 자기들도 어쩌지 못할 것 아닙니까."

"오호, 역시 자네는 똑똑해. 그럼 지금 당장 고소하게. 이 자식들 다 죽었어."

음이온이 인체에 흡수되면 대뇌 중추신경 계통의
기능을 조절해 주고 심장과 폐 기능을 좋게 해 주어
혈액순환이 잘되게 합니다.

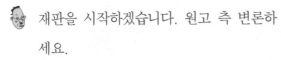
공원이 필요한 이유는 무엇일까요?
화학법정에서 알아봅시다.

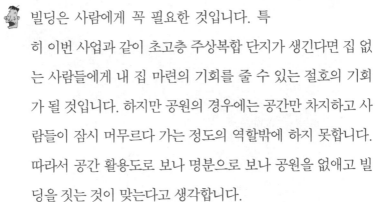

🧑 재판을 시작하겠습니다. 원고 측 변론하
세요.

😠 빌딩은 사람에게 꼭 필요한 것입니다. 특
히 이번 사업과 같이 초고층 주상복합 단지가 생긴다면 집 없
는 사람들에게 내 집 마련의 기회를 줄 수 있는 절호의 기회
가 될 것입니다. 하지만 공원의 경우에는 공간만 차지하고 사
람들이 잠시 머무르다 가는 정도의 역할밖에 하지 못합니다.
따라서 공간 활용도로 보나 명분으로 보나 공원을 없애고 빌
딩을 짓는 것이 맞는다고 생각합니다.

🧑 공원이 공간만 차지한다? 하지만 쉼터 역할을 하지 않습니까?

😠 물론 사람들이 산책을 하거나 가족끼리 운동하기엔 좋죠. 하
지만 그런 건 집 앞 공터에서도 할 수 있는 것 아닙니까.

🧑 맞는 말이기는 하네요. 하지만 요즘 공원에서는 음이온이 많
이 나와서 좋다고 하는데, 이것에 대해서는 어떻게 생각하시
는지요?

🐝 판사님 말씀처럼 식물에서 음이온이 나온다며 요즘 공원을
찾는 사람들이 부쩍 많아졌는데, 음이온이 왜 좋다고 하는지

그 이유를 모르겠습니다.

나도 그 이유가 알고 싶군요. 피고 측 변론하세요.

음이온이 왜 좋은지 판사님과 화치 변호사의 궁금증을 풀어 드리겠습니다. 웰빙전문가 잘사세 씨를 증인으로 요청합니다.

건강에 좋다는 장신구를 주렁주렁 달고 있는 잘사세 씨가
증인석에 앉았다.

하시는 일에 대해 설명해 주십시오.

인공적으로 만든 곳이나 약 등이 아닌 자연을 이용하여 사람이 건강하게 살 수 있는 방법을 연구하고 있습니다.

공원이나 숲에서 나오는 음이온이 좋다고 하는데, 그 이유에 대해 자세히 설명해 주시겠습니까?

음이온이 인체에 흡수되면 대뇌 중추신경 계통의 기능을 조절해 주고 심장과 폐 기능을 좋게 해 주어 혈액순환이 잘 되게 합니다. 또 면역력이 좋아져 병에 잘 걸리지 않게 됩니다.

어떻게 음이온이 병에 잘 걸리지 않게 해 준다는 거죠?

인체에 해로운 바이러스들은 음의 전기를 띠고 있는데, 음이온을 마시면 이런 바이러스를 밀어내어 바이러스가 우리 몸의 세포를 공격하는 걸 막아 줍니다.

건강에 아주 좋은 것이군요.

그렇습니다. 음이온이 많은 곳에서는 마음이 가벼워지고 기력이 충만해지는 느낌을 받게 됩니다. 즉 음이온은 공기 비타민인 셈이지요.

그러면 공원이나 숲이 아니면 음이온을 체험할 수 없나요?

그건 아닙니다. 공장이나 빌딩 숲에도 음이온은 존재합니다.

공장이나 빌딩 숲에는 어느 정도의 음이온이 있습니까?

공원의 10분의 1 정도로 아주 작은 양이 있습니다.

그럼 음이온이 적은 곳에서 생활하면 우리 몸이 안 좋아집니까?

물론입니다. 사람이 음이온 농도가 낮은 곳에서 오랫동안 생활하면 마음이 불안해지고 건강에 좋지 않은 영향을 끼칩니다.

공기 중의 음이온은 사람을 좀 더 건강하게 살 수 있도록 도와주는 물질입니다. 이 음이온은 나무나 풀 등 식물들이 많은 곳에서 주로 발생합니다. 그렇기 때문에 식물이 거의 없는 공장이나 빌딩 숲에서는 음이온의 농도가 매우 낮습니다. 공원을 밀어내고 빌딩을 짓는다면 음이온을 얻을 곳이 대폭 줄어들어 시민들의 건강을 해치게 될 것입니다.

판결하도록 하겠습니다. 음이온은 사람이 건강하게 살 수 있도록 해 주는 물질이며, 이는 빌딩 숲이나 공장보다 공원이나

숲 등에 많이 있습니다. 음이온을 많이 마셨을 경우 몸의 건
강뿐만 아니라 마음의 건강까지도 챙길 수 있습니다. 그런데
공원을 없애고 빌딩을 짓는다면 많은 음이온을 얻을 수 있는
장소가 사라지게 되므로 사람들의 몸의 건강은 물론 마음의
건강까지 해치게 될 것입니다. 따라서 항국시에서 추진하는
공원 자리에 빌딩을 지으려는 계획은 다시 고려해 보아야 할
것입니다.

재판이 끝난 후 환경단체는 물론 시민들의 거센 항의 때문에 빌
딩 짓기 계획은 무산되었고, 김다종 씨가 다음 시장이 되어 더 많
은 공원이 만들어지면서 환경도 더욱 좋아졌다.

 **폭포나 계곡 근처에 음이온이 많이 생성되는 이유**

폭포나 계곡에서 음이온이 많이 발생하는 이유는 바로 레나드 효과 때문입니다.
레나드 효과란 물이 격렬하게 충돌할 때 물 분자의 집합체가 흩어지면서 커다란 물방울이 미세한
물 분자로 대전되어 음이온이 발생하는 것입니다.

# 빨리 닳는 건전지

왜 온도가 높은 곳에서는 건전지가 빨리 닳을까요?

며칠 후면 과학공화국의 최대 명절인 클쑤마쑤 날이었다. 클쑤마쑤가 다가오기 며칠 전부터 사람들은 하늘을 나는 기분으로 하루하루를 즐겁게 보냈다. 거리는 온통 클쑤마쑤 노래들로 가득 찼다.

'징그러, 징그러, 징글징그러. 클쑤마쑤 다가 왔네 솔로 싫어라.'

'베니스 나비다, 베니스 나비다, 아 워너 위 쑤셔 매번 클쑤에.'

특히 아이들은 밤에 착한 아이들이 사는 집으로 찾아와 창가에 붙어 있는 아이들의 편지를 보고 마법의 주머니에서 선물을 꺼내 주신다는 상타 할아버지가 찾아오시길 기대하며 받고 싶은 선물을 적어 창문에 붙여 두었다. 물론 그것을 보고 아이들의 부모님이 선물을 사다 주었다. 장난감 가게나 대형 마트, 백화점에는 아이들을 위한 선물 코너가 따로 마련되었고, 그곳은 선물을 사기 위해 모여든 부모님들로 하루 종일 북적거렸다.

"어서 오세요. 아이들을 기쁘게 해 줄 선물들이 가득하답니다."

"저기요, 대화하는 돼지 인형은 어디 있나요?"

"대화하는 돼지요? 그건 인기상품이라 벌써 다 팔리고 없네요."

"주문하면 안 되나요? 우리 딸이 꼭 갖고 싶다고 매일 밤마다 소원을 빌고 있는데 어쩌죠?"

"구하기가 쉽지 않은데, 일단 연락처를 남겨 놓고 가세요. 물량이 확보되면 연락드리겠습니다."

올해의 클쑤마쑤 최고 인기 상품은 대화하는 돼지 인형이었다. 과학대학교 발명 동아리에서 발명한 인공지능 로봇 인형인 대화하는 돼지는 과학공화국에서 가장 큰 장난감 회사인 겁나커 회사와 계약한 뒤 그야말로 날아가는 돼지가 되었다.

하늘색과 분홍색 두 가지 색상이 있고, 아이가 말을 하면 대답해 주는 인형이었기 때문에 특히 부모님이 모두 직장에 나가시는 아이들에게 인기 폭발 상품이었다. 이번 클쑤마쑤를 맞이하여 겁나커 회사에서는 평소보다 열 배나 많이 상품을 만들었지만, 이것도 모자라 매일 밤을 새워 계속해서 만들고 있는 상황이었다.

"사장님, 지금 주문이 너무 많이 밀리고 있습니다. 오늘도 왜 빨리 안 보내 주냐는 독촉 전화가 수십 통 왔습니다."

"아휴, 이거 좋아해야 하는 건지 어쩐 건지. 생산부는 왜 이렇게 꾸물거려. 생산부장 당장 내 방으로 오라고 해요."

사장은 매일 밀려드는 주문으로 머리가 아플 지경이었다. 그는 장난감 회사를 하면서 이런 일은 처음이었다.

"부르셨습니까, 사장님."

"생산부는 왜 이렇게 상품을 못 만들고 있습니까? 지금 주문이 너무 많이 밀렸어요."

"지금 물량을 만들어 낸다고 해도 그것을 관리할 일손이 모자라는 실정입니다."

"나도 이런 일이 처음이라 당황스럽군요. 어떻게 하면 좋겠습니까?"

"관리 직원을 더 뽑아서 생산부 전원이 장난감 제조에 몰두할 수 있도록 해야 합니다."

"좋습니다. 그럼 관리 직원을 당장 뽑으세요."

생산부장이 구인광고를 내자 지원자가 몰렸다. 경쟁률이 자그마치 100대 1이나 되었다. 100명 넘는 사람을 일일이 서류심사 하고 면접할 시간이 없어서 제비뽑기로 사원을 뽑았다.

"안녕하십니까, 안근면입니다. 열심히 하겠습니다."

"인사는 생략하고, 지금 당장 창고 관리를 맡아 주세요."

"어떤 관리를 말씀하시는 거죠?"

"당연히 제품 관리죠. 길게 설명할 시간 없으니 지금 당장 일 시작하세요."

생산부장은 안근면을 창고로 데려다 준 뒤 후다닥 공장으로 뛰어갔다. 자세한 설명을 듣지 못한 안근면은 한동안 멍하게 있다가 자신이 일할 창고를 둘러보기로 했다.

"장난감 창고가 이렇게 생겼구나. 돼지 인형들이 모여 있으니까 무슨 돼지 농장 같네. 하하하."

대화하는 돼지 외에도 리모컨으로 조종하는 자동차, 움직이는 로봇 등 여러 가지 장난감들이 많았다.

"오오, 재밌다. 캬, 어릴 때 많이 가지고 놀았는데. 새삼 옛날 생각이 나네."

창고 이곳저곳을 돌아다니며 여러 가지 장난감을 만지작거리던 안근면은 창고 안에서 가장 큰 방으로 들어갔다. 그곳에는 건전지가 가득 차 있었다.

"우아, 과학공화국의 건전지는 여기 다 모인 것 같네. 하긴 여기 있는 장난감들이 모두 건전지를 필요로 하니까. 아, 근데 춥다. 여긴 난방도 안 되네. 장난감이 춥다 못해 얼겠다, 얼겠어."

안근면은 창고를 뒤져 온도 조절 장치를 찾아 스위치를 켰다. 잠시 후 창고 안이 따뜻해졌다.

"후아암, 잠 온다. 관리가 뭐 따로 있어? 도둑 안 들어오나 지키고 제품 안 상하게 하면 되는 거지. 잠이나 한숨 자야겠다."

안근면은 그렇게 매일 난방을 켜 놓고 따뜻한 창고에서 편안하게 직장 생활을 하였다. 관리자를 둔 덕분에 생산부 직원들은 장난감을 만드는 일에만 전념하여 주문량을 겨우겨우 맞춰 나가고 있었다. 급한 불은 껐다고 생각한 사장이 안도의 한숨을 내쉬었지만, 얼마 후 문제가 터지고 말았다.

"사장님, 큰일 났어요."

"무슨 일이야?"

"장난감에 모두 리콜 요청이 들어왔어요. 거기다 장난감 주문량도 급격히 줄었고요."

"무슨 일이 생긴 거야? 장난감에 문제가 생겼어?"

"기술개발부에서 조사한 결과 건전지에 문제가 있답니다. 건전지 수명이 너무 짧다고 하네요."

사장 얼굴은 빨갛게 변해 폭발 직전까지 왔다.

"당장 생산부장 불러!"

생산부장이 헐레벌떡 뛰어와 연신 굽실거렸다.

"사장님 죄송합니다. 다 저희 부서 잘못입니다."

"어떻게 된 겁니까? 전에는 이런 일이 없었잖습니까?"

"저희도 그 이유를 잘 모르겠습니다."

"가만, 새로운 관리자를 뽑기 전에는 이런 일이 없었는데……건전지 관리를 잘못해서 그런 것 같군. 당장 관리자 불러와요."

오늘도 할 일 없이 창고에서 뒹굴던 안근면은 잔뜩 화가 난 생산부장을 따라 사장실로 갔다.

"당신은 도대체 이 회사에 입사해서 무슨 일을 한 겁니까?"

"제가 맡은 일을 잘하고 있습니다. 왜 그러시죠?"

"당신 때문에 우리 회사에 막대한 손해가 발생했어요. 창고 관리하라고 뽑아 놨더니 손해를 끼칩니까?"

"무슨 말씀이신지 모르겠네요."

"건전지에 문제가 생겨서 장난감이 반품되고 주문량도 급격하게 떨어졌단 말입니다. 아무튼 당신은 해고니까 내일부터 나오지 마세요!"

안근면은 도저히 자신이 해고당한 이유를 납득할 수 없었다. 그래서 화학법정에 겁나커 회사를 고소하였다.

건전지를 온도가 낮은 곳에서 보관하면
화학반응이 느리게 일어나기 때문에
방전 현상을 줄일 수 있습니다.

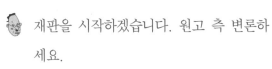

건전지가 빨리 닳는 이유는 무엇일까요?
화학법정에서 알아봅시다.

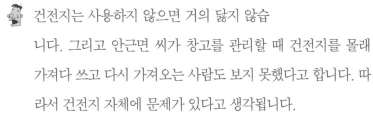

재판을 시작하겠습니다. 원고 측 변론하세요.

건전지는 사용하지 않으면 거의 닳지 않습니다. 그리고 안근면 씨가 창고를 관리할 때 건전지를 몰래 가져다 쓰고 다시 가져오는 사람도 보지 못했다고 합니다. 따라서 건전지 자체에 문제가 있다고 생각됩니다.

피고 측 변론하세요.

건전지를 사용하지 않는다고 해서 과연 그대로 있을까요? 건전지개발 연구원 전지왕 씨를 증인으로 요청합니다.

백만 스물하나, 백만 스물둘을 외치면서 전지왕 씨가 증인석에 들어와 앉았다.

전지는 어떻게 해서 전기를 생성하죠?

전지 안에는 전기를 일으키는 화학 물질들이 들어 있습니다. 이 화학 물질들이 서로 반응하면서 전기를 만들어 내는 것이고, 그렇게 만들어진 전기를 우리가 사용하는 것입니다.

전지를 사용할 때만 화학반응을 일으키는 겁니까?

아닙니다. 한 공간 안에 여러 가지 화학 물질들이 있다면 당연히 계속해서 화학반응이 일어나죠.

전지를 사용하지 않아도 화학반응이 일어나면 건전지의 수명이 짧아지는 건가요?

그렇습니다. 회로에 연결되어 있지 않아도 조금씩 화학반응이 일어나는데 이것을 방전이라고 합니다.

그러면 전지의 수명이 줄어드는 것을 방지할 수는 없나요?

아뇨, 방법이 있습니다. 온도가 낮은 곳에서 보관하면 됩니다.

왜 그렇죠?

온도가 낮은 곳에서는 화학반응이 느리게 일어날 테고, 그런 곳에서는 방전이 좀 덜 일어나겠죠. 따라서 건전지를 온도가 낮은 곳에서 보관하면 전지의 수명이 줄어드는 것을 막을 수 있습니다.

그러면 냉동 창고에 보관해야 합니까?

네, 그렇습니다.

---

### 건전지를 오래 쓰는 방법!

건전지의 방전을 막으려면 건전지를 랩에 싸서 냉장고에 넣어두는 게 좋습니다. 다 사용한 건전지를 교환할 때는 한 개씩이 아니라 전부 교환하는 것이 좋습니다. 섞어서 사용하면 오히려 건전지의 수명이 단축됩니다.

---

과학공화국
화학법정 4

건전지는 사용하지 않아도 계속해서 화학반응이 일어나기 때문에 그 수명이 점점 짧아집니다. 그러나 이 수명도 어느 온도에서 보관하느냐에 따라 달라지는데, 보통 온도가 낮은 곳에서는 건전지의 수명이 줄어드는 것은 막을 수 있습니다. 따라서 건전지의 성질을 모르고 관리를 하여 수명을 단축시킨 안근면 씨에게 잘못이 있다고 생각하는 바입니다.

건전지는 사용하지 않아도 화학반응을 일으키는 방전 때문에 그 수명이 단축됩니다. 하지만 온도가 낮을수록 화학반응이 느리게 나타나 건전지의 방전이 줄어 오래 사용할 수 있는 것입니다. 그러나 이번과 같은 경우, 보관 장소의 온도를 올려 건전지가 빨리 방전되게 하여 수명을 짧게 만든 안근면 씨에게 잘못이 있지만, 건전지 보관 조건에 대해 자세히 설명해 주지 않은 겁나커 회사에게도 책임이 있다고 판결하는 바입니다.

판결이 내려진 후 겁나커 회사는 건전지를 보관하기 위한 냉동 창고를 더 만들었고, 안근면 씨는 다시 복직하여 창고 관리 일을 계속하였다.

### 전기 화학의 선구자 데이비와 패러데이

영국의 화학자 험프리 데이비는 왕립 연구소의 화학 교수였는데 일반인을 위한 명강의로 이름을 날렸고, 후일 기사 작위를 받은 19세기의 가장 중요한 화학자 중 한 사람이죠.

데이비는 물의 전기 분해가 성공하자 여러 가지 물질과 수용액을 가지고 전기 분해하는 실험을 해 보기 시작했어요. 그리고 1806년 한 강의에서 다른 방법으로 분해할 수 없는 화합물도 전류에 의해 분해할 수 있다고 발표했어요. 그 당시 원자설이 이제 막 틀을 갖추었고, 화학 결합을 좌우하는 전자가 발견되기 약 100년 전인 것을 감안하면 데이비의 통찰력은 대단한 것이었죠.

데이비는 나트륨과 칼륨의 수용액을 전기 분해해서 수소와 산소를 얻곤 했는데, 1807년에는 용융된 탄산칼륨에 전류를 통해서 몇 방울의 금속 상태의 칼륨을 얻었죠. 얼마 후에는 금속 상태의 나트륨도 얻었고요. 데이비는 훗날 같은 방법으로 칼슘, 바륨, 스트론튬, 마그네슘을 분리해 냈어요.

이러한 금속 원소들은 반응성이 높기 때문에 자연계에 원소로 존재하지 않고, 산화물, 염화물, 탄산염, 질산염, 황산염 등으로 존재하는데, 데이비가 전기 분해를 이용하여 처음으로 원소 상태로 분리한 것이죠.

영국의 패러데이는 과학의 역사상 가장 위대한 실험가 중 한 명으로 꼽히죠. 그는 대장장이의 아들로 태어나 초등학교 교육밖에 받지 못했어요. 열세 살의 나이에 런던의 한 제본소에 수습사원으로 들어간 패러데이는 자기가 제본하는 책을 틈나는 대로 열심히 읽었지요. 그중 하나가 《화학의 대화》라는 책이었는데, 이 책의 저자인 마르셋 여사는 험프리 데이비의 강연을 통해 화학 지식을 습득한 사람이었어요.

패러데이는 책을 열심히 읽으며 돈이 생기는 대로 실험 재료를 사서 스스로 실험을 하곤 했지요. 하루는 고객 중 한 사람이 패러데이에게 데이비의 강연장에 들어갈 수 있는 티켓을 한 장 주었는데, 데이비의 강연에 깊은 감명을 받은 패러데이는 그의 조수 업무를 지원하게 되고 데이비에게 발탁되지요.

패러데이는 전기 모터의 발명, 전자기 유도의 발견 등 전자기 분야의 업적으로 유명하지만, 화학에도 중요한 업적을 많이 남겼어요. 그것이 바로 물의 전기 분해예요.

물의 전기 분해

물에 전기가 잘 흐르는 물질을 넣은 다음 두 개의 극을 꽂아 전기를 흘려보내면 물이 분해되어 수소와 산소 기체가 발생하지요. 이 때 음극에서는 수소 기체가 양극에서는 산소 기체가 2:1의 부피비로 발생합니다. 이렇게 전기를 이용하여 물을 분해하는 것을 전기 분해라고 하지요.

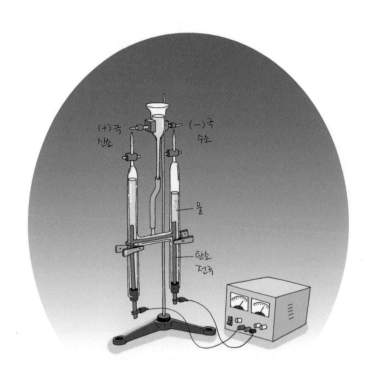

# 산과 염기에 관한 사건

# 제3장

어이구!
내 가발!!

염산

나에게 금속 성분이 없다구. 염산은 무섭지 않아!!

# 알칼리성 이온 음료

알칼리성 이온 음료가 몸속에 들어가면 어떻게 변할까요?

"자, 한 번에 갑시다. 레디, 액션!"

과학공화국에서 가장 인기 있는 남자배우 장동군이 모래가 깔린 파란 스튜디오에서 뛰다가 음료수 병을 집어 들고 벌컥벌컥 마신 후 '캬!' 하는 소리와 함께 웃으면서 말한다.

"내 몸을 적시는 산뜻한 음료, 알칼리스웨터."

"컷! 굿굿, 베리 굿. 역시 장동군 씨야. 수고하셨습니다."

다마셔 회사에서 출시한 알칼리성 이온 음료의 광고 촬영 현장은 어느 때보다도 여직원들의 수가 많았다.

"어머머, 저기 봐. 저 큰 눈, 날렵한 턱선, 오뚝한 코. 아흑, 너무 좋아."

"장동군 씨가 날 보고 웃어 주면 난 기절할 거야."

사실 광고에 참여하는 여직원은 몇 안 되고 나머지 여직원들은 다른 부서에서 장동군을 보기 위해 몰려온 것이었다.

"감독님, 그런데 파란색 스튜디오에서 찍는 이유가 있나요?"

감독은 신참내기 나석기의 머리를 톡톡 치며 말했다.

"이 신참아, 그것도 모르냐? 이번 아이디어는 사막에서 뛰는 거잖니. 우리가 직접 사막에 가면 좋겠지만 장동군 씨가 워낙 바쁜데다가 사막에서 찍다 사고 나면 누가 책임질 거야? 그러니까 나중에 컴퓨터 그래픽으로 처리하는 거지."

"와, 세상이 많이 좋아지긴 좋아졌어요. 컴퓨터 그래픽으로 사막도 만들고."

"너 말하는 것 보면 꼭 석기시대 사람 같단 말이야. 어떻게 우리팀에 들어온 거니?"

나석기는 머리를 긁적이며 멋쩍어 하였다. 그때 장동군이 감독에게 다가와 말했다.

"감독님, 촬영은 잘된 건가요?"

"네, 아주 잘 찍었어요. 역시 프로야. 내 가슴이 다 두근거린다니까. 하하. 참, 우리 딸이 장동군 씨 팬인데 사인 좀 부탁해도 될까요?"

"물론이죠. 여기다 하면 되나요? 따님 이름이?"

장동군은 환하게 웃으며 종이에 싸인을 하였다. 그 모습을 본 여직원들이 탄성을 내질렀다.

"나도 사인 받고 싶다. 흑!"

"사인 안 받아도 좋으니까 말이라도 한마디……."

장동군은 그런 여직원들에게 살인미소를 한 번 날린 뒤 손을 들어 인사했다. 그러자 여직원들은 거의 쓰러질 지경이었다.

"제가 계속 있다가는 폐만 끼치겠네요. 그럼 전 이만 가 보겠습니다."

장동군이 빠져나가자 직원들은 스튜디오를 정리하기 시작했다. 음료수를 치우던 나석기는 음료수가 어떤 맛일지 궁금해졌다.

"감독님, 이거 마셔도 되나요?"

"그래, 그거 촬영용으로 회사에서 준 거니까 다 마셔도 돼."

나석기는 알칼리스웨터 한 병을 따서 마셨다. 약간 달짝지근하면서도 은은한 맛이 맘에 들었다. 다 마시고 나서 병에 붙어 있는 광고 카피를 읽어 보았다.

"내 몸에 좋은 알칼리 이온 음료. 맛도 건강도 챙기는 일석이조. 흠, 알칼리 이온이 몸에 그렇게 좋은 건가? 모르겠다. 몸에 좋다는데 몇 병 챙겨 가지 뭐."

나석기는 가족들에게 주고 싶은 마음에 알칼리스웨터 한 박스를 챙겨서 집으로 돌아왔다.

장동군의 광고가 방영된 뒤 알칼리스웨터의 인기는 날로 치솟았다. 장동군의 효과와 알칼리 이온 음료가 건강에 좋다는 인식 때문에 많은 사람들이 알칼리스웨터를 찾았다. 다른 라이벌 음료 회사들이 비슷한 음료수를 많이 만들었지만 알칼리스웨터를 이기지는 못했다. 그 인기를 실감한 나석기는 알칼리스웨터 한 박스를 들고 오길 잘했다는 생각이 들었다. 왜냐하면 비싼 값에도 불구하고 가게들마다 없어서 못 팔 정도였기 때문이다.

"여보, 나 저 음료수 박스째 가져오길 잘했지?"

"좋긴 좋은데, 이제야 반 정도 남았네. 지나치면 모자란 것만 못하다고 나 점점 저 음료수가 질려. 옆집에 팔아 버릴까?"

그때 나석기의 아들 나현대가 돌아왔다.

"다녀왔습니다."

"오, 우리 아들. 학원 잘 다녀왔니?"

"네, 아빠. 오늘은 출근 안 하셨어요?"

"응, 오늘 하루 휴가 받았어. 오랜만에 우리 아들과 놀아 볼까?"

"아니요, 아빠. 저 방학 숙제 좀 도와주세요."

"무슨 숙젠데?"

"생활 속에서 산과 염기 찾기인데 리트머스 종이는 사 왔어요."

"음음, 그래."

대답은 했지만 나석기 씨는 난감했다. 자신이 가장 싫어했던 과목이 과학 아니던가! 반면 아들은 과학을 아주 좋아했다.

"아빠, 거기 종이 좀 그릇에 놓아 주세요. 집에 뭐 있더라. 식초 랑, 간장이랑, 주스랑."

나현대는 집 안 구석구석을 돌아다니며 액체란 액체는 모조리 들고 왔다. 그리고 실험을 시작하였다. 먼저 식초를 떨어뜨리니 푸른 리트머스 종이가 붉게 변했다. 그것을 본 나석기가 신기해서 아들에게 물었다.

"우아, 너 마법 부렸니? 종이 색깔이 변한다."

"아빠 공부 잘했다면서요. 옛날에는 이런 거 안 했어요?"

나석기는 아들 말에 화들짝 놀랐다. 아들에게는 자신이 전교 1등을 놓친 적이 없다고 거짓말했기 때문이다.

"흠, 목마르지 않니? 아빠가 음료수 가져올게."

나석기는 냉장고 안에 있던 알칼리스웨터를 가져와 실험에 집중한 아들을 위해 직접 따서 건네 주었다.

"아들, 이거 마셔."

나현대가 음료수를 잡으려다 놓쳐 그만 푸른 리트머스 종이가 담긴 그릇에 음료수를 쏟아 버렸다. 그런데 이상한 일이 발생하였다.

"어? 이거 알칼리성 음료 아니었어요?"

"맞는데. 여기 적혀 있잖아. 알칼리성 이온 음료."

"종이가 붉은색으로 변했잖아요. 붉은색으로 변하면 산성이라는 말인데. 알칼리성 음료수라면 안 변해야 하는 거 아니에요?"

"잘 모르겠구나. 흠흠. 우리 그러면 화학법정에 의뢰해 볼까?"

나석기는 알칼리성 이온 음료가 정말 알칼리성인지 화학법정에
의뢰하였다.

알칼리성 이온 음료는 우리 몸속에서 알칼리성으로
작용하기 때문에 '알칼리' 라고 부르는 것입니다.

알칼리 이온 음료는 염기성일까요?
화학법정에서 알아봅시다.

 원고 측 변론하세요.

 우리가 산과 염기를 확인할 때 흔히 사용
하는 것이 리트머스 종이입니다. 리트머스
종이는 푸른색과 붉은색이 있는데 산성은 푸른색 리트머스
종이를 붉은색으로 변하게 하고, 알칼리성은 붉은색 리트머
스 종이를 푸른색으로 변하게 합니다. 그런데 최근 가장 선풍
적인 인기를 끌고 있는 알칼리성 이온 음료의 경우 리트머스
종이로 확인하면 분명 산성의 성질을 띱니다. 따라서 알칼리
성이라고 판매한 다마셔 회사는 소비자를 상대로 사기를 친
것입니다.

정말 실험 결과 산성으로 판명되었습니까?

네, 여기 증거가 있습니다. 붉게 변한 푸른색 리트머스 종이
입니다.

정말이군요, 이거야말로 확실한 증거인데…… 피고 측 변론
하세요.

이온 음료 개발연구원 막달려 씨를 증인으로 요청합니다.

이온 음료를 벌컥벌컥 마시며 막달려 씨가 뛰어  들어와 증인석에 앉았다.

하시는 일에 대해서 말씀해 주세요.

좀 더 다양하고 효율적인 이온 음료를 개발하는 일을 하고 있 습니다.

이온 음료란 정확히 어떤 음료입니까?

이온 음료는 운동 후 부족한 수분과 유기물질을 공급하기 위 해 만들어진 음료입니다.

그렇다면 알칼리성 이온 음료는 산성입니까, 염기성입니까?

우리가 푸른색 리트머스 종이에 알칼리성 이온 음료를 떨어 뜨리면 분명 붉은색으로 변할 것입니다. 그것은 즉 알칼리성 이온 음료가 산성이라는 뜻이죠.

 **우리 생활 속의 산성과 염기성**

산성이라는 것은 수용액에서 이온화될 때 수산 이온의 농도보다 수소 이온의 농도가 더 큰 물질의 성질을 말하며 '수소 이온 농도 지수(pH)'가 7 미만인 것을 뜻합니다. 보통 물에 녹으면 신맛을 내고, 푸른 리트머스 종이를 붉게 변화시킵니다. 산성의 성질을 띠는 물질로는 사이다, 콜라, 레몬, 식초, 염산 등이 있습니다.

반면 염기성의 성질을 띠는 물질은 '수소 이온 농도 지수(pH)'가 7보다 크고 붉은 리트머스 종이를 푸르게 변화시킵니다. 염기성 물질로는 표백제, 비누, 화장수, 암모니아수, 과산화수소수, 샴푸 등이 있습니다.

그렇다면 산성 이온 음료라고 해야 하지 않을까요?

우리가 음식을 산성과 알칼리성으로 나누는 기준은 그 자체가 산성이냐 알칼리성이냐를 따지는 것이 아니라 먹어서 최종적으로 몸에 남는 물질이 산성이냐 알칼리성이냐를 따지는 것입니다.

이해가 되지 않는군요.

음식이 우리 몸에 들어오면 소화가 됩니다. 그런데 영양분들이 한꺼번에 소화가 되는 게 아니라 차례대로 소화가 되는데, 다른 것들이 다 소화되고 가장 마지막에 남는 물질이 있습니다. 그 물질이 산성이냐, 알칼리성이냐를 따지는 것이지요.

그러면 알칼리성 이온 음료는 가장 마지막에 남는 물질이 알칼리성이라는 말이군요.

네, 음료수가 몸에 들어오면 음료수 안에 있던 각종 유기물질이 소화되고 무기물질이 남는데 이것이 알칼리성을 띠게 됩니다. 알칼리성을 띤 무기물질이 몸에 알칼리로 작용하기 때문에 알칼리성 이온 음료라고 하는 것입니다.

우리는 흔히 산성 음식이다, 알칼리성 음식이다를 따집니다. 그런데 여기서 구별하는 기준은 음식 그 자체를 측정했을 때 나온 것이 아니라 그것을 먹고 나서 소화가 되어 최종적으로 남는 물질이 우리 몸에 어떻게 작용하느냐에 따라 나눈 것입니다. 따라서 알칼리성 이온 음료라고 하는 것은 맞는 말입니다.

 음식이 산성이냐 알칼리성이냐를 나누는 기준은 음식 자체가 띠는 성질이 아니라, 몸에 소화되고 최종적으로 남는 물질이 어떻게 몸에 작용하느냐에 따라 나눈 것입니다. 알칼리성 이온 음료 자체는 산성이나 그것이 몸에 들어가 유기물질은 소화되고 남는 무기물질이 알칼리로 작용하기 때문에 알칼리성 이온 음료라고 한다는 주장은 타당합니다. 하지만 간혹 음료 자체가 알칼리성이라고 착각할 경우가 있으므로 그것을 올바르게 이해시켜 줘야 할 것입니다.

판결 후 다마셔 회사는 '몸에 들어가면 알칼리로 변하는 음료, 알칼리스웨터!' 라고 바꿔서 광고를 했다.

# 머리카락 간장

머리카락으로 어떻게 간장을 만들 수 있을까요?

과학공화국은 최근 몇 년간 여름엔 폭우, 가을엔
태풍으로 많은 피해를 보았다. 과학자들은 저마다
엘니뇨 때문이다, 환경 파괴에 의한 기상 이변이
다 등의 추측을 내놓고 있었다. 그러나 무엇보다
도 과학공화국의 곡창지대라고 불리는 곡식도가 쑥대밭이 되어 몇
해째 농사를 망쳐 버리는 바람에 곡식 값이 껑충 뛰었고 서민들의
허리는 휠 수밖에 없었다.

"용용 엄마, 요즘은 쌀값이 너무 올라서 살 엄두가 안 나요."

"그러게요. 우리는 잡곡밥을 해 먹는데 잡곡도 너무 올라서 큰일이지 뭐예요."

"곡식 중에 안 오른 게 없다니까요."

"우리보고 뭘 먹고 살라는 건지 원."

이렇게 주부들의 한숨만 느는 것은 아니었다. 곡식을 주재료로 하여 공산품을 만드는 회사들도 물량 확보가 되지 않아 어려움이 이만저만 아니었다. 과학공화국의 간장 제조회사인 다맛나 회사는 간장을 만들기 위해 필요한 콩을 확보하지 못해 큰 어려움을 겪고 있었다.

"베이지 지사는 둥국 콩을 확보했답니까?"

"생각보다 적은 양을 확보했다고 합니다. 싹스리 회사에서 이미 손을 썼다는군요."

"그러면 누옥 지사는?"

"그곳도 마찬가지입니다. 다자바 회사에서 물량을 쓸어간 게 오래전이라 남아 있는 양이 얼마 안 된다고 합니다."

"이거 큰일이군."

"사장님, 게다가 콩을 수입할 때 드는 비용까지 소비자 가격에 포함시키면……."

"그렇게 되면 소비자들이 외면할 텐데, 이 일을 어쩌면 좋을까. 아휴, 머리야. 김비서, 닥터 막 좀 불러 줘요."

다맛나 회사 사장인 한인품 사장은 곡식대란 사태가 터지고 나서부터 편두통에 시달려 왔다. 콩 문제만 생각하면 머리가 깨질 듯이 아파서 그때마다 주치의인 막고쳐 선생을 불렀다.

"닥터 막, 더 잘 듣는 약은 없소? 이제 이 약도 적응이 됐는지 아픈 게 낫지 않네요."

"한사장님, 마음을 편히 가지셔야 합니다. 그래야 편두통을 고칠 수 있어요."

"알아요, 알아. 하지만 내가 맘을 편히 가질 수 있어야 말이지. 당신도 알잖소. 콩을 확보하지 못하면 간장을 못 만들고, 간장을 못 만들면 우리 회사가 망한다는 걸."

막고쳐는 곰곰이 생각하다가 조심스럽게 말을 꺼냈다.

"간장을 굳이 콩으로 안 만들어도 될 텐데요."

"그게 무슨 말이에요? 간장을 콩으로 만들지 그럼 무엇으로 만든단 말입니까?"

"제가 대학 다닐 때 화학과 친구 실험실에 놀러 간 적이 있었는데 콩 없이 간장을 만들지 뭡니까. 맛과 향은 좀 떨어지지만 정말 신기하더라고요."

"무엇으로 간장을? 아니, 아니. 지금 당장 기술개발부에 같이 갑시다. 거기 가서 닥터 막이 자세히 얘기해 주시오."

그리고 막고쳐 덕에 다맛나 회사는 새로운 간장인 '싸요 간장'을 만들어 판매하기 시작했다. 맛과 향은 조금 덜했지만 다른 간장보다 가격이 많이 싸서 소비자들 사이에서는 없어서 못 팔 정도로 인기가 좋았다.

"이게 다 닥터 막 덕분이오. 이제 머리도 안 아프고 날아갈 것만 같소. 하하하!"

"아닙니다. 제가 가정 형편이 어려워 학교에 다니기 힘들었을 때 사장님께서 도와주신 덕분으로 이렇게 의사가 되지 않았습니까. 그저 은혜를 약간 갚은 것뿐인걸요."

"은혜는 무슨. 닥터 막이 오히려 내 은인인걸. 껄껄."

한인품 사장은 나날이 늘어나는 매출에 함박웃음을 터뜨렸다. 그러나 경쟁 회사들이 이를 곱게 볼 리 없었다. 다맛나의 최대 라이벌인 싹스리의 심술보 사장은 특히 더더욱 배 아파하고 있었다.

"다맛나를 무너뜨리려고 무리하게 콩을 확보했는데, 이럴 수가. 콩을 덜 썼나? 그럴 리가 없어. 무슨 비법이 있을 거야. 이비서, 다맛나에 아는 사람이 있는 직원을 찾아서 데려와!"

한 시간 후, 꼬질꼬질한 실험복을 입은 한 남자가 잔뜩 긴장한 모습으로 들어왔다.

"안녕하십니까, 사장님. 저는 품질검사부의 소심남입니다."

"다맛나에 친구가 있다지?"

"네, 어릴 적부터 친하게 지낸 친구가 기술개발부에 있습니다."

"좋아. 그럼 그 친구를 만나서 다맛나의 싸요 간장에 대해 알아와."

"사장님, 그건……."

"하기 싫어? 하기 싫으면 하지 마. 대신 지금 당장 해고는 물론이고 다른 회사에도 절대 취직 못하게 해 줄게. 어때, 할래, 안 할래?"

소심남은 식은땀을 비 오듯 흘렸다. 정보를 안 캐오자니 그 즉시 자신의 인생은 끝이고, 캐오자니 그건 친구를 배신하는 일이었다. 결국 병상에 누워 계신 홀어머니를 위해 친구를 배신하기로 했다. 그날 저녁 소심남은 친구 대범남에게 전화를 걸어 술이나 한잔 하자고 했다. 술에 취하면 무슨 말이나 하는 대범남의 술버릇을 이용하기 위해서였다.

"야, 오랜만이다. 잘 지냈지? 어머니 병은 좀 어떠셔?"

"응, 여전하시지 뭐."

"큰일이다. 우리 부모님도 많이 걱정하고 계셔. 자식, 오늘은 내가 술 산다. 오늘 실컷 마셔 보자."

대범남은 오늘따라 기분이 좋다며 술을 벌컥벌컥 마셨고 금방 취했다. 소심남이 조심스럽게 물었다.

"범남아, 요즘 콩이 많이 모자라 회사가 힘들지? 우리 회사도 어려운데."

"아니, 우리의 귀염둥이 싸요 간장이 있잖니. 하하!"

"그래, 매출 1위지? 부럽다. 콩을 조금씩만 쓰나 봐?"

"허허, 이번에 콩이 아닌 다른 재료로 간장을 만들 수 있다는 거 처음 알았다!"

"무슨 소리야? 간장은 콩으로밖에 못 만들잖아."

"아니야. 요거, 요거로 만들어."

대범남은 소심남의 머리카락을 가리키며 이렇게 말하고는 잠에 빠져들었다. 소심남은 혼란스러웠다. 이게 말이 되는 소리야? 머리카락으로 간장을 만들다니! 그러나 곧 친구에 대한 죄책감이 밀려왔다.

"범남아, 미안하다. 흑흑. 어머니 때문에 어쩔 수 없구나."

잠에 빠진 대범남을 보고 소심남은 흐르는 눈물을 참을 수 없었다. 다음 날 소심남은 회사에 보고했고, 심술보 사장도 믿기 어려운 눈치였지만 곧바로 다맛나 회사를 사기죄로 화학법정에 고소하였다.

머리카락과 식용 염산, 식용 탄산나트륨이 있으면
간장을 만들 수 있습니다.

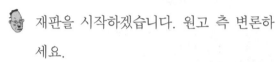

머리카락으로 간장을 만들 수 있을까요?
화학법정에서 알아봅시다.

재판을 시작하겠습니다. 원고 측 변론하세요.

존경하는 재판장님, 무엇으로 간장을 만드는지 아십니까?

메주로 만들지 않나요?

그렇습니다. 간장은 콩을 발효시킨 메주로 만드는 겁니다. 그러면 한 가지 더 묻겠습니다. 판사님은 사람 머리카락으로 간장을 만들 수 있을 거라고 생각하십니까?

글쎄요, 잘 모르겠습니다. 불가능할 것 같은데.

그렇죠? 저는 불가능하다고 생각합니다.

뭔가에 말려든 것 같은 이 이상한 기분은 무엇일까? 끝이죠? 그럼…….

아직 안 끝났습니다. 최종 변론! 사람 머리카락으로 간장을 만들었다고 주장하는 다맛나 회사는 사기를 치고 있습니다. 끝!

최종 변론 한 번 거창하네. 피고 측 변론하세요.

과학대학교 화학과 나괴짜 교수를 증인으로 요청합니다.

동그란 안경을 쓰고 부스스한 머리를
한 나괴짜 교수가 증인석에 앉았다.

**세상에 이런 일이!**

실제로 해외에서는 머리카락 간장이 제조되어 판매됐던 일이 있습니다. 2003년 중국에서 '홍슈아이' 라는 이름으로 출시되어 큰 인기를 끌었던 이 간장은, 최신 바이오 기술로 제조되었다는 광고와 함께 저렴한 가격으로 중국 국내는 물론 세계 여러 나라로 수출되기도 했습니다. 그런데 2004년 초 중국 중앙방송에서 홍슈아이 간장 제조업체의 제조 공정을 추적 보도한 결과 이 간장의 주원료가 중국 전역에 있는 미용실과 이발소, 병원 등에서 수거된 사람 머리칼과 체모라는 사실이 확인되었습니다. 결국 이 간장의 제조 공정이 너무나 비위생적이라는 사실이 밝혀지면서 홍슈아이 간장의 생산이 금지되었습니다.

머리카락으로 간장을 만들 수 있습니까?

결론을 얘기하자면 만들 수 있습니다.

그걸 먹을 수 있습니까?

물론이죠. 먹어도 안전합니다. 다만 일반 간장보다 맛과 향이 조금 떨어질 뿐이죠.

매우 흥미롭군요. 어떻게 머리카락으로 간장을 만들 수 있습니까?

머리카락을 깨끗이 씻어서 물기를 제거한 다음 잘게 잘라 식용 염산을 넣고 약한 불로 가열합니다. 3일 동안 가열하면 용액이 검게 변하죠.

그게 끝입니까?

아닙니다. 빠뜨려서는 안 되는 중요한 작업이 있어요. 반드시 식용 탄산나트륨을 넣어 주어야 합니다.

왜 그런가요?

처음에 염산을 사용했으므로 염기성인 탄산나트륨을 넣어서 중화시켜야 하기 때문이죠.

정말 신기하군요. 머리카락으로 간장을 만들 수 있다니.

이렇게 만들어진 간장을 산 분해 간장이라고 합니다. 제조 기간도 다른 간장보다 짧은 편입니다.

증인이 말한 대로 만든 것이 '싸요 간장'입니다. 이 간장은 제조 기간도 짧고, 먹어도 안전합니다.

판결하겠습니다. 보통 간장은 메주를 이용하지만 머리카락과 식용 염산, 식용 탄산나트륨으로도 간장을 만들 수 있습니다. 이렇게 만든 간장을 산 분해 간장이라고 합니다. 산 분해 간장은 일반 간장보다 맛과 향이 떨어지지만 제조 기간이 짧고, 먹어도 아무 이상이 없다는 장점이 있습니다. 따라서 다맛나 회사의 '싸요 간장'은 계속해서 판매해도 됨을 선고합니다.

재판이 끝난 후 싸요 간장의 인기는 더욱더 높아졌고, 다음해에는 풍년이 들어 다맛나 회사도 예전처럼 일반 간장을 만들 수 있었다.

# 머리카락과 염산

머리카락이 염산을 무서워하지 않는 이유는 무엇일까요?

"에브리 바디, 일하지 않는 자 먹지도 말라. 복창!"

"일하지 않는 자 먹지도 말라."

"목소리가 작다. 다시 실시!"

"일하지 않는 자 먹지도 말라!"

"좋아, 일하지 않는 사람은 정말 굶길 테니 오늘 하루도 열심히 일하세요. 이상!"

화학 비료 공장을 운영하는 서룬도 사장은 오늘도 직원들을 모아 놓고 회사 경영 지침을 외치게 하였다. 찢어지게 가난한 집에서 장남으로 태어난 서룬도는 돈에 대한 집착이 남다른 사람이었다.

그는 공장을 일일이 돌며 게으르게 일하는 직원을 골라 그날 점심을 굶겼다. 그러나 일 잘하고 있다가 말 한마디 해서 걸린 직원이 대부분이었다. 그들은 공장 밖으로 나가 급하게 점심을 사 먹은 뒤 오후 직원 모임 시간에 늦지 않기 위해 뛰어오기 일쑤였다. 그래서 사장에 대한 직원들의 원성은 날로 높아졌다.

"나비서, 오늘은 스케줄이 어떻게 되지?"

"네, 오전에는 마케팅부의 광고 아이디어 회의가 있고, 운송회사 왕빨라 사장님과 점심 약속이 있습니다. 오후에는 화학비료 공장 연합회 모임이 있습니다."

"오늘도 바쁘군. 공장 둘러볼 시간이 없겠어. 직원들에게 오후 직원 모임은 없다고 전달해 줘요."

오늘처럼 사장이 바쁜 날에는 공장을 돌아볼 수가 없기 때문에 직원들에게는 마음 편한 날이 되었다.

"야, 소문 들었어? 사장님 말이야. 키높이 구두 신고 다닌다며?"

"정말? 키높이 구두를 신었는데 우리 턱 밑에 올 정도면 도대체 얼마나 작다는 거야?"

"푸하하, 정말 웃긴다. 난쟁이잖아."

직원들 사이에서 사장 흉보기는 공공연한 일이었다. 사장에게 한 번도 걸려 본 적 없는 직원이 없었기 때문에 직원들은 서른도의 갖가지 트집을 잡아 흉을 보았다.

"아, 그래도 오늘은 회사 식당에서 느긋하게 먹을 수 있겠다. 오

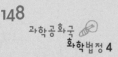

늘 오후 직원 모임은 없다며?"

"그러게. 다른 부서는 몰라도 우리 제품개발부는 일 초가 생명인데 말이야. 실험 결과를 빨리 관찰해야 하는데 매일같이 사장한테 걸려서 뛰어다니며 점심을 먹어야 하니, 원."

"아, 이참에 회사 콱 관둬 버릴까?"

"요즘처럼 취업하기 어려운 때에? 게다가 우리 같은 사람들은 더 힘들어. 누구는 다니고 싶어서 다니나? 처자식 먹여 살리려면 어쩔 수 없잖아."

"하긴 그렇지. 아휴!"

다른 부서와는 달리 제품개발부는 각자의 연구 결과에 대해 서로 의견을 나눠야 하는데, 그것마저 잡담이라고 취급하는 사장의 횡포에 어느 부서보다 불만의 소리가 높았다. 회사 식당에서 밥을 먹고 돌아온 제품개발부 직원들은 오랜만에 맘 편히 잡담을 나누었다.

"그런데 그 소문 들었어?"

"무슨 소문?"

"사장 말이야, 대머리래!"

"누가 그래?"

"마케팅부의 한이슬이 그러더라. 오늘 오전에 사장실 들어가려고 문을 열었는데 너무 눈부시더래. 근데 사장 머리가 아침 햇살에 반사되어 온 방을 비추고 있더라는 거야."

"헉, 한이슬 잘리는 거 아냐?"

"아니, 다행히 사장이 자고 있었대. 그래서 급하게 문을 닫고 나왔는데 웃음을 참을 수 없어서 화장실로 뛰어갔대."

"하지만 가발이라고 하기에는 너무 진짜 같은걸?"

"요즘 좋은 가발이 얼마나 많이 나왔는데. 진짜 사람 머리카락으로 만든 가발일 수도 있잖아."

"그럴 수도 있겠네. 아, 궁금하다. 정말일까?"

"자네들, 지금 뭐하고 있는 건가?"

어느새 문 입구에서 서룬도 사장이 잡담하는 직원들을 노려보고 있었다. 오후 스케줄이 취소되는 바람에 공장을 둘러보고 있던 참이었다.

"아, 사장님 저 그게……."

"변명은 필요 없다. 오늘 점심은 지났으니 내일 점심은 없어!"

직원들은 할 말을 잃었다. 갑자기 나타난 사장도 놀랍지만 내일 또 점심을 먹기 위해 이리 뛰고 저리 뛰어야 할 걸 생각하니 허탈해졌던 것이다.

"그나저나 새로운 제품 개발은 잘되어 가고 있는 건가? 구경이나 좀 해 볼까?"

서룬도는 연구실에 들어와 이곳저곳을 살펴보았다. 아까 가발에 대해 이야기하던 직원 두 명이 서룬도가 듣지 못하게 속삭였다.

"야, 우리 저 머리가 가발인지 아닌지 실험해 볼까?"

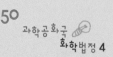

"그러자. 골탕 좀 먹어 봐라."

두 직원은 옆으로 고개를 숙여야지만 볼 수 있는 장치로 사장을 불렀다.

"사장님, 여기 제가 개발한 것 좀 봐 주십시오."

"뭔가?"

"직접 봐 주십시오."

서룬도는 호기심 가득한 눈빛으로 다가왔다.

"어떻게 보는 거지?"

"옆으로 고개를 숙여서 보시면 됩니다."

"조금 곤란한데…… 어디 한번 봄세."

서룬도는 옆으로 고개를 숙여 장치 안을 살펴보았다. 그 순간 선반 모서리에 머리가 걸리면서 가발이 벗겨졌다. 그리고 그 가발은 장치 옆에 있던 염산이 담긴 비커에 빠졌다.

"앗, 내 가발! 내 가발!"

서룬도는 너무 당황하여 머리를 손으로 가린 채 제자리에서 팔짝팔짝 뛰었다. 두 직원도 옆에 염산이 있다는 사실을 그때서야 깨달았다.

"어서 가발을 꺼내, 어서!"

"사장님, 이것은 염산이라 만지면 화상을 입습니다."

"뭐야? 그럼 내 가발은? 다 녹아 버리는 거 아냐? 이것들! 당장 해고야!"

"해고라니요? 사장님이 잘못하신 것 아닙니까? 저희는 억울합니다."

"억울하다니! 내 가발 녹아 버리면 어쩔 거야? 이거 사람 머리카락으로 만든 비싼 가발인데! 긴말 필요 없어. 당장 해고야!"

직원들은 해고가 부당하다며 서룬도 사장을 화학법정에 고소하였다.

금속 성분이 없는 머리카락은 수소이온과 반응할
물질이 없기 때문에 염산에 녹지 않습니다.

**머리카락은 염산에 녹을까요?**
화학법정에서 알아봅시다.

 피고 측 변론하세요.

 가발이 다양해졌지만 그중에서도 가장 비

싸고 좋은 가발은 사람 머리카락으로 만든

가발이죠. 직원들도 몰랐을 정도면 상당히 비싼 가발을 썼을

것 같군요. 그런데 그런 가발을 염산에 빠뜨리다니, 이것은

가발을 녹이겠다는 의도가 아닙니까. 이것은 대머리에 대한

모독입니다!

 화치 변호사, 갑자기 왜 흥분을 하십니까?

 저도 대머리의 한 사람, 아니 대머리의 심정을 이해하다 보니

저도 모르게 흥분했습니다.

 혹시, 화치 변호사 머리도 가발 아닙니까?

 아닙니다!

 그런데 왜 그렇게 놀라죠? 왠지 부자연스러운데…….

 재판장님, 지금 제 머리가 대머리인지 아닌지 심판하는 게 아

니잖습니까. 아무튼 대머리의 설움을 모르고 자신을 놀림감

을 만든 직원을 해고한 것은 정당한 행위라고 봅니다.

 에헴, 원고 측 변론하세요.

염산은 강산입니다. 그래서 대부분의 금속을 녹일 수 있습니다. 그렇지만 금속이 아닌 물질도 녹일 수 있을까요? 과학대학교 화학과 나괴짜 교수를 증인으로 요청합니다.

동그란 안경을 쓰고 부스스한 머리를 한 나괴짜 교수가 증인석에 앉았다.

염산은 어느 정도로 강한 산입니까?

몇 개의 금속을 제외한 웬만한 금속은 다 녹일 정도로 강한 산입니다.

염산이 어떻게 금속을 녹이지요?

염산 속의 수소 이온이 금속과 반응하는 것입니다. 금속을 녹이면서 수소 이온은 수소 기체가 되어 날아가지요.

염산으로 사람 머리카락도 녹일 수 있나요?

아닙니다. 왜냐하면 사람 머리카락에는 수소 이온과 반응할 수 있는 금속 성분이 없기 때문이죠.

그러나 산 분해 간장에서 보았듯이 염산에 머리카락을 넣고 가열하면 머리카락이 녹지 않습니까?

그것은 가열하면서 머리카락의 단백질이 열에 의해 분해되기 때문입니다. 그리고 산의 수소 이온은 단백질이 분해되는 것을 도와줍니다.

또, 사람 피부에 염산이 묻었을 경우 위험하다고 하는데 그건 왜 그렇죠?

염산과 같은 강산이 사람 피부에 닿았을 때 피부에 있는 수분과 반응하여 고열을 발생시켜 피부가 타 들어가기 때문입니다.

그렇다면 금속 성분이 없는 다른 것들도 염산과 반응하지 않겠군요.

그렇습니다. 비닐이나 플라스틱 같은 것들도 염산에 녹지 않습니다.

염산은 금속을 녹이는데 그것은 염산 속의 수소 이온이 금속과 반응하기 때문입니다. 만약 금속 성분이 없다면 수소 이온과 반응할 물질이 없기 때문에 염산에 녹지 않을 것입니다. 사람의 머리카락에는 금속 성분이 없고, 따라서 염산에 녹지 않습니다. 그러므로 가발을 녹였다고 직원을 해고한 것은 부당한 행위입니다.

염산은 웬만한 금속을 다 녹일 수 있을 만큼 강산이고, 금속을 녹이는 것은 염산 속의 수소 이온과 금속이 반응해서 나타나는 현상입니다. 사람 머리카락의 경우 수소 이온과 반응할 금속 성분이 없으므로 염산 속에 넣을 경우 녹지 않을 것입니다. 그러나 피부에 닿으면 타 들어가는 매우 위험한 물질이므로 만약 서룬도 사장이 염산을 쏟았다면 매우 위험한 일이 발

생하였을 것입니다. 따라서 직원들을 해고한 것은 부당하되, 안전을 생각하지 않은 직원들은 회사의 방침에 따라 처벌을 받아야 할 것입니다.

판결 후 직원들은 복직했지만 1년 동안 회사에서 점심을 먹을 수 없게 되었다.

# 식초로 쓴 글씨

식초로 비밀 편지를 쓸 수 있을까요?

고고녀는 세상에 부러울 것 없는 주부였다. 대기업 이사인 남편, 명문대생인 아들과 딸, 인테리어 전문지에서 끊임없이 취재를 나올 정도로 멋진 집, 파란 바다가 보이는 전망 좋은 별장, 거기다 왕년에 과학공화국 남성들의 가슴을 설레게 한 미녀 탤런트였다는 명예는 그녀를 더욱 빛나게 해 주었다.

그러나 모든 것이 완벽한 그녀에게 한 가지 옥에 티가 있었는데 그건 바로 막내아들 비행남이었다. 공부하기 싫다며 학교 밖으로 뛰쳐나가거나 다른 학생들의 수업을 방해하여 퇴학당할 뻔한 적이 몇 번 있었다. 거기다 미성년자라 무면허인데도 틈만 나면 고고녀의 차를 훔쳐 타고 나가 교통사고를 내었다.

"행남아, 너는 커서 도대체 뭐가 되려고 그러니?"

고고녀가 속상한 마음에 이렇게 말하면 비행남은 태연하게 대꾸했다.

"세상에서 제일 멋진 사람이오."

어느덧 행남은 고3이 되었고, 고고녀는 아들이 어느 대학에 가면 좋을까 고민을 하다가 아들이 그나마 관심 있어 하는 미술대학에 보내기로 결심했다. 그래서 과학공화국에서 가장 실력 있다는 미술 선생 앙드레 금에게 일주일에 한 번 레슨을 받기로 하였다.

"안녕하세요옹, 앙드레 금이에요. 정말 엘레강스한 분이시군요. 이런 엘레강스한 분의 아들을 제자로 두게 되어 영광입니다아."

미술 레슨이 시작되었다. 비행남은 처음엔 관심 있어 하며 곧잘 하더니 어느새 싫증을 내고는 레슨 때마다 도망을 쳤다.

"내가 내 명에 못 살지, 못 살아!"

"엄마, 무슨 일이에요? 또 행남이 때문에 그래요?"

학교에서 공부하느라 밤늦게 온 정직이와 고란이가 걱정스런 얼굴로 물었다.

"공부하느라 배고프지? 아줌마 여기 애들 간식 좀 갖다 주세요. 행남이 어쩌면 좋니? 행남이가 너희 반만이라도 닮았으면 좋겠다."

쿠키를 야금야금 먹던 정직이 대수롭지 않게 말했다.

"후란스로 유학 보내 버려요. 요즘 미술 하는 애들 후란스로 많이 가잖아요."

음료수를 마시다가 사래가 걸려 캑캑거리던 고란이가 말했다.

"오빠, 그건 안 돼. 엄마가 계시는데도 사고 치는데 아무도 없는 후란스로 보내면 세계적인 문제아가 될걸?"

"그건 그렇겠네."

고고녀는 아이들의 대화를 듣고 있자니 더 머리가 아팠다. 영영 해결 방법이 없을 것만 같았다.

"참, 엄마. 우리 학교 미술 교수님 말인데, 왕년에 엄마 팬이었대. 오늘 수업을 듣는데 엄마 얘기가 반 이상이었어."

"이 엄마가 왕년에 날렸잖니. 호호호."

"그런데 그 교수 돈 정말 많이 밝히더라. 무슨 얘기든지 돈이랑 연관 안 되는 게 없어. 오늘은 아빠 회사 얘기도 하더라. 자기가 아빠 회사 회장이었으면 좋겠다면서 말이야. 하하하, 나 참 웃겨서."

그때 조용히 있던 정직이 무릎을 치며 말했다.

"엄마, 행남이 우리 학교 미대에 입학시켜요. 그 녀석 우리말이라면 잘 들으니까 차라리 우리 학교로 보내면……."

"그건 싫어! 행남이가 학교 와서 난리 치면 창피해서 어떻게 해?"

"무슨 소리야? 엄마 말은 안 들어도 내 말에는 찍 소리 못하는 녀석이라고. 우리 학교에 입학하면 적어도 지금보단 자주 마주칠 테니 통제하기가 쉽잖아."

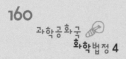

"하지만 무슨 수로 대학에 입학시키니? 레슨도 안 받는 저 아이를."

정직이 비굴한 미소를 띠며 말했다.

"미대 교수 돈 좋아한다며? 거기다 엄마 팬이었으니까 엄마가 어떻게 잘 하시면 되지. 흐흐."

다음 날, 고고녀는 공화대 미대 변태진 교수를 찾아갔다. 물론 돈이 가득 든 사과 상자를 가지고.

"앗, 탤런트 고고녀 씨 아니세요? 이게 꿈이야, 생시야. 오래 살다 보니 이런 좋은 날도 있군요. 흐흐흐."

변태진은 꿈을 꾸는 듯한 황홀한 표정으로 고고녀를 맞았다.

"제가 왕년에 고고녀 씨 팬이었어요. 지금도 물론 팬이지만요. 흐흐."

"호호, 다름이 아니라 제 아들 녀석 좀 부탁드리려고 이렇게 찾아왔어요."

"지금 우리 대학에 다니고 있습니까?"

"아니요, 지금 고3이에요. 이 학교 미대에 입학시키고 싶은데 워낙 명문대라 들어오기가 쉽지 않더라고요. 그래서 부탁 좀 드리려고요."

"어헛, 이거 곤란한데요."

고고녀는 변태진의 손을 꼭 잡고 애원조로 얘기했다.

"제발요. 교수님이라면 제 꿈을 이루어 주실 수 있잖아요. 부탁

드려요."

얼굴이 빨갛게 상기된 변태진 교수가 침착한 목소리로 말했다.

"네, 제가 힘써 보도록 하죠."

"어머, 고맙습니다. 이 은혜는 절대 잊지 않겠어요. 그리고 이건 제 성의니까 받아 주세요."

고고녀는 사과 상자를 건네주었다. 변태진은 상자를 보며 음흉한 미소를 지었다.

"저를 믿어 주세요. 꼭 입학할 수 있을 겁니다. 혹시 다른 사람들이 알면 안 되니까 시험지에 표시를 해 주세요. 아셨죠?"

일은 잘 진행되었다. 비행남이 시험을 치르러 가던 날 고고녀는 액체가 담긴 병을 쥐어 주며 이것으로 시험지에 꼭 표시를 하라고 당부했다. 비행남은 입학시험을 건성건성 치른 뒤 엄마가 건네준 액체로 글씨를 썼다. 그런데 하필 비행남 옆에 있던 왕의심이 그 장면을 목격하였다.

"이상하네, 저거 혹시?"

시험이 끝나고 한 달 후, 발표가 났다. 불합격한 왕의심은 도저히 납득할 수가 없었다. 그때 갑자기 비행남이 어떤 액체로 시험지에 글씨를 쓰던 것이 생각났다. 왕의심은 당장 변태진을 찾아갔다.

"제 성적을 알고 싶습니다. 제가 떨어진 이유를 납득 할 수 없어요."

"학생 마음은 잘 알겠는데 학교 방침이 시험지 공개는 하지 못하도록 돼 있어요."

"이상하네요. 다른 단과대에서는 시험지를 공개하던데 왜 미대만 안 되는 거죠?"

변태진은 당황했다. 그것을 본 왕의심은 더더욱 의심이 깊어졌다.

"그리고 제가 시험 칠 때 옆 자리에 있던 남학생이 시큼한 냄새가 나던 액체로 시험지에 뭘 쓰던데, 그게 무슨 행동이었을까요?"

"나름대로 예술을 표현하고 싶었겠지."

"아뇨, 이건 비리예요. 당장 화학법정에 고소하겠어요."

산은 종이에 있는 수분을 탈수시키는 성질이 있기 때문에
산을 묻힌 종이를 가열하면 산이 묻어 있어
수분이 적은 쪽이 더 잘 타게 되어 검게 나타납니다.

여기는 **화학법정**

**식초로 비밀 편지를 쓰는 방법은 뭘까요?**
화학법정에서 알아봅시다.

재판을 시작하겠습니다. 피고 측 변론하세요.

피고 변태진 교수는 공화대학교 미대 교수이며 우리나라는 물론 세계적으로도 꽤 인정받는 교수입니다. 그런 사람이 어떻게 비리를 저지르겠습니까. 증거가 있습니까? 원고 측에서 증거물로 요청한 시험지를 펼쳐 보이겠습니다.

화치 변호사가 시험지를 다 펼쳐 보았지만 이상한 점은 발견할 수 없었다.

보셨듯이 시험지는 모두 정상적입니다. 따라서 비리가 있었다는 원고 측의 주장은 억지입니다. 오히려 명예훼손죄로 고소당할 것입니다.

그건 나중에 결정할 일이고, 원고 측 변론하세요.

원고인 왕의심 군의 증언에 따르면 옆에 앉았던 남학생이 시큼한 냄새가 나는 투명한 액체로 뭔가를 썼다고 했습니다. 과학수사원 다자바 연구원을 증인으로 요청합니다.

까만색 뿔테 안경을 쓴 날카로운 이미지의 다자바 연구
원이 증인석에 앉았다.

시큼한 냄새가 나는 투명한 액체가 무엇이었을까요?

아마 산 종류의 액체였을 겁니다. 산 중에서 시큼한 향이 나
는 액체가 있거든요.

그것으로 글씨를 쓰면 어떻게 알아볼 수 있죠? 투명해서 아
무 것도 보이지 않는데.

불에 갖다 대면 글씨가 나타날 겁니다.

재판장 님, 시험지를 모두 불에 대 봐도 되겠습니까?

그렇게 하도록 하세요.

이의 있습니다. 이렇게 많은 시험지를 어느 세월에 다 확인하
고 있습니까? 저, 바쁜 사람입니다.

화치 변호사, 여기는 법정이고 사건을 해결하려면 증거 확
인도 해야 하는데 개인적인 사정으로 못한다는 것은 억지
아닙니까? 정 싫으면 가세요. 대신 원고 측의 승소로 해 줄
테니까.

그건 안 됩니다. 그럼 제 체면이 뭐가 됩니까?

쯧쯧, 왔다 갔다…… 소신 좀 지키세요.

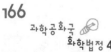

과학수사원 직원이 여러 명 동원되어 양초 불에 시험지를 그슬리기 시작했다. 잠시 후 비행남의 시험지에서 '제가 고고녀의 아들입니다.' 라는 글씨가 나왔다.

명백한 증거가 나왔습니다. 그렇다면 투명한 액체의 정체는 무엇입니까?

아마도 식초일 것입니다. 식초는 아세트산으로 시큼한 향이 나죠.

식초로 글씨 쓴 종이를 가열했을 때 글씨가 나타나는 것은 어떤 원리인가요.

산을 종이에 떨어뜨리면 종이에 있는 수분을 탈수시키는 성질이 있습니다. 산을 묻힌 종이를 가열하면 상대적으로 산이 묻어 있어 수분이 적은 쪽이 더 잘 타게 되고 따라서 검게 나타나는 것입니다.

존경하는 재판장님, 비행남은 아세트산인 식초로 시험지에 '제가 고고녀의 아들입니다.' 라는 보이지 않는 표시를 해서 교수에게 전달했습니다. 이 행동이 비리가 아니고서야 할 수 있는 행동입니까? 따라서 이번 공화대 미대 입학시험에는 명백한 비리 행위가 있었다고 주장합니다.

판결합니다. 식초는 산의 종류로 종이에 떨어뜨리면 종이의 수분을 탈수시키는 성질이 있습니다. 식초로 글을 썼을 경우 투명한 액체이기 때문에 당장은 눈에 보이지 않겠지만 종이를 탈수시키는 성질 때문에 다른 종이보다 더 빨리 타 들어가 검게 변해 글씨가 보이는 것입니다. 비행남의 시험지에서 '제가 고고녀의 아들입니다'라는 비밀 말이 쓰여진 것을 보면 고고녀와 변태진 사이에 거래가 있었다는 것을 알 수 있습니다. 따라서 변태진은 비행남을 부정 입학시킨 것으로 밝혀졌습니다.

판결 후 변태진은 대학교에서 쫓겨났고 이 사건은 방송매체를 통해 대대적으로 보도되었다. 그리고 식초로 비밀 편지 쓰기가 유행되었다.

 식초 100배 활용하기

- 시들해진 야채들에 식초를 뿌려주면 야채를 싱싱하게 해 주고, 신선한 맛이 살아납니다.
- 시금치를 데칠 때 식초 몇 방울 떨어뜨리면 비타민C의 파괴를 줄일 수 있고 색은 더 선명해집니다.
- 생선 요리 후 식초와 물을 1:2 비율로 섞어 손을 씻으면 비린내를 없앨 수 있습니다.

# 은그릇에 담긴 유황오리

유황오리 요리를 은그릇에 담아 먹으면 왜 좋지 않을까요?

"할머니, 땔감 어디다 놓을까요?"

"아직도 안 간겨? 썩 가지 못히야."

"말씀드렸잖아요, 전 진드기라고요. 하하."

　　진두기 씨는 오늘도 유황오리 요리의 대가인 대정금 할머니 가게에서 머슴 노릇을 하고 있었다. 그는 폭탄맛 떡볶이로 사업에 성공하였으나 잇따라 나온 아류작들에 밀리는데다 사기까지 당해 빚을 떠안고 궁지에 몰려 있었다.

　　그래서 죽을 결심을 하고 마지막으로 사람답게 한번 먹어 보자고 우연히 들른 한 식당에서 유황오리를 먹어 본 후, 그 맛에 반해

이 요리를 꼭 배워 가게를 내고 싶어 식당을 다시 찾아온 것이다. 그러나 가게 주인이자 요리사인 대정금 할머니는 그 비법을 절대 가르쳐 줄 수 없다며 오지 말라고 구박하였다. 하지만 진두기 씨는 매일같이 가게에 찾아왔다.

"배 안 고프냐?"

"고파요, 할머니. 난 할머니가 해 주시는 밥이 제일 맛있더라."

"아부는, 쯧쯧."

할머니는 곧 푸짐하게 점심을 차려 주었고, 진두기 씨는 게걸스럽게 먹었다.

"먹는 모습은 복스럽구먼."

"그렇죠, 할머니? 이게 다 할머니 음식 솜씨 때문이라니까요."

"어디서 아부 떠는 것만 잔뜩 배워 온 겨, 난 안 속아."

"에이, 진심이에요. 사실 처음에는 요리 비법 알아내려고 왔는데 이제는 할머니가 진짜 우리 할머니 같은 거 있죠? 그래서 매일매일 보고 싶어요. 우리 할머니도 할머니처럼 참 좋으신 분이었는데."

"예끼, 또 그런 거짓말 하고 있어."

할머니는 평소처럼 진두기 씨를 타박하였지만 처음보다는 훨씬 부드럽게 대해 주었다. 이제는 정말 손자와 할머니처럼 친해진 것이다.

어느덧 가을이 가고 겨울이 왔다. 시골이라 그런지 추위가 일찍 찾아왔고 눈도 제법 많이 내렸다. 오늘도 진두기 씨는 산에서 구해

온 땔감을 가지고 가게로 향하고 있었다.

"어이쿠!"

"할머니, 할머니!"

할머니가 가게 마당에서 미끄러져 넘어진 것이다. 진두기 씨가 서둘러 가게 마당으로 뛰어 들어왔다.

"할머니, 괜찮으세요?"

"네 눈에는 괜찮아 보이냐, 이놈아. 아이고 나 죽네."

"있어 봐요. 구급차 부를게요."

진두기 씨가 전화를 하고 나서도 한참 후에야 구급차가 도착하였다. 워낙 눈이 많이 쌓인 데다 길이 좁아서 차가 다니기 어려웠기 때문이다. 한 시간 만에 병원에 도착하여 검사한 결과 골절과 약간의 뇌진탕이 있었다. 할머니가 입원하시자 진두기 씨는 매일 병실을 찾아와 간병을 하였다. 어느 날 할머니가 진두기 씨에게 나지막이 이야기하였다.

"두기야, 이불장 두 번째 서랍에 공책이 있다. 그걸 꼭 보그라."

"갑자기 무슨……."

"내가 핵교는 못 댕겼지만 그래도 글은 깨쳤다. 내가 죽을 때가 다 되었나 보다."

"무슨 말씀을 그렇게 하세요, 저랑 오래오래 사셔야죠."

"그려, 오래 살아야지. 암만. 죽은 손자가 다시 돌아온 기분이었는디……."

다음 날 새벽, 할머니는 갑작스럽게 돌아가셨다. 두기는 장례식을 치르고 할머니 댁을 정리하다가 이불장 두 번째 서랍을 열어 공책을 보았다. 그 공책에는 비뚤비뚤한 글씨로 적힌 유황오리 요리 비법이 적혀 있었다.

"할머니……."

진두기는 공책을 부여잡고 엉엉 울었다. 그 후 공책에 적힌 대로 여러 번 요리를 해 본 끝에 드디어 할머니의 요리와 똑같은 맛을 낼 수 있었다. 진두기는 과학공화국의 수도인 소울로 올라가 '대정금 유황오리' 라는 가게를 차렸다.

"야, 맛 기가 막힌다. 너 잠적해 있는 동안 유황오리만 연구한 거냐?"

첫 손님이었던 친구들은 칭찬을 마구 퍼부었다. 그 후 진두기의 식당은 입소문을 타고 어느새 소울에서 가장 맛있는 유황오리 전문점으로 소문이 났다. 어느덧 빚도 갚았고 가게도 확장하게 되었다.

"이충성 씨, 우리 그릇 말인데. 이제 은그릇으로 바꿔 볼까?"

"사장님, 갑자기 웬 은그릇이요?"

"할머니께서 평생 소원하시던 거였어. 할머니께서 시집올 당시 가장 인기 있는 혼수품이 은그릇이었는데 당시 할머니 댁은 너무 가난해서 해 갈 수 없었다는 거야. 그래서 언젠가는 꼭 은그릇에 음식을 담아 먹을 거라고 하셨는데 그 소원을 이루지 못하신 거지. 할머니 덕에 내가 이렇게 잘살고 있는데 나라도 할머니 소원을 이

뤄 드려야 하지 않겠어?"

"정말 감동적이네요. 유황오리에 은그릇이라, 괜찮을 것 같아요. 훨씬 더 고급스러운 느낌이 나잖아요. 고품격 유황오리! 좋은데요."

진두기 씨는 요리 담는 그릇을 모두 은그릇으로 바꾸었다. 이충성 씨가 예상한 대로 음식은 더욱 고급스러워 보였고, 손님들도 매우 만족해하였다. 가게는 일손이 모자랄 정도로 손님이 많아졌다.

"사장님, 설거지를 용역회사에 맡기는 게 어떻겠어요? 일할 사람이 너무 모자라 설거지할 사람이 없어요. 사람을 더 고용하기에는 가게가 작고요."

"그러는 게 좋겠어. 어디가 좋을까?"

"미끄러져 회사가 좋을 것 같아요. 다른 식당에서도 괜찮다고 하고요."

"그래, 그럼 이충성 씨가 알아서 맡기도록 해."

그때부터 설거지는 미끄러져 회사에 맡겼다. 소문대로 파리가 미끄러질 만큼 깨끗하게 설거지를 해서 보내왔다. 진두기 씨는 썩 마음에 들었고 계속해서 설거지를 맡겼다.

"저기요, 여기 좀 와 보세요."

"네, 손님. 무슨 일 때문에 그러시죠?"

"그릇 말이에요. 여기가 까맣게 변했잖아요. 왜 이런 거예요?"

"아, 손님. 글쎄요. 저희도 잘 모르겠네요."

"음식에 뭐 이상한 거 넣은 건 아니겠죠? 어휴, 꺼림칙해. 내가 다시 여기 오나 봐라."

이상한 일이 발생하였다. 어느 날부터인가 그릇이 까맣게 변했다고 항의하는 손님들이 늘어났고, 음식 속에 해로운 성분이 있어서 그렇다는 헛소문까지 돌면서 가게를 찾는 손님이 뚝 떨어졌다.

"이거 어떻게 된 거예요? 은그릇이 까맣게 변하다니."

"귀신이 곡할 노릇이구만. 얼마 전까지만 해도 멀쩡하던 그릇이 왜 이렇게 된 거지?"

"설거지 용역업체에서 뭘 잘못한 게 아닐까요?"

"그러고 보니 설거지 맡기기 전에는 괜찮았는데. 당장 전화해 봐야겠어."

진두기 씨는 미끄러져 회사에 전화를 했다. 그러나 자신들은 설거지를 깨끗이 했다는 대답만 할 뿐 아무 잘못이 없다고 오히려 화를 냈다. 화가 난 진두기 씨는 미끄러져 회사를 화학법정에 고소하였다.

황은 은과 만났을 때 황화은이라는 검은색 물질을 만들지만
암모니아수로 씻어내면 암모니아수와 황화은이
중화 반응을 일으켜 은과 암모니아로 돌아옵니다.

여기는 화학법정

왜 은그릇이 까맣게 변했을까요?
화학법정에서 알아봅시다.

 피고 측 변론하세요.

 미끄러져 설거지 용역업체는 깨끗이 설거

지해서 보내 준 죄밖에 없습니다. 오히려

파리가 미끄러질 정도로 깨끗하다고 해서 식당마다 소문이

자자한 업체입니다. 그런 업체가 은그릇을 까맣게 변하게 하

다니 말도 안 되는 얘깁니다. 오히려 유황오리 전문점 측에

잘못이 있는 것 같습니다.

 원고 측 변론하세요.

 과학대학교 화학과 나괴짜 교수를 증인으로 요청합니다.

동그란 안경을 쓰고 부스스한 머리를 한 나괴짜 교수가
증인석에 앉았다.

 은그릇이 왜 까맣게 변했을까요?

 유황오리에 쓰인 유황 때문일 것입니다.

 유황이 은과 반응한 것인가요?

 네, 황 성분은 은과 만났을 때 황화은이라는 검은색 물질을

만듭니다.

까맣게 변한 은은 다시 깨끗해질 수 없는 겁니까?

아닙니다. 암모니아수로 씻어 내면 다시 깨끗하게 돌아옵니다.

신기하군요. 어떤 원리로 그렇게 되는 겁니까?

암모니아수로 씻어 내면 암모니아수와 황화은이 중화반응을 일으켜 은과 암모니아가 됩니다. 그래서 은으로 다시 돌아오는 것이죠.

존경하는 재판장님, 은은 황과 만나 검은색 물질을 만듭니다. 하지만 이를 암모니아수로 씻어 내면 다시 깨끗한 은그릇으로 돌아오는 것이죠. 황 때문에 검은색 물질로 변했다지만 설거지 용역업체가 암모니아수를 사용하여 은그릇을 닦는다는 사실을 몰라서는 안 될 것입니다.

판결합니다. 은그릇이 까맣게 변한 이유는 유황오리에 쓰이는 재료인 유황 때문이고 황과 은이 만나면 황화은이라는 검은색 물질을 만듭니다. 그러나 여기에 암모니아수를 넣으면 중화반응에 의해 다시 은으로 돌아오고 깨끗한 은그릇이 되는 것입니다. 따라서 황 성분으로 그릇을 까맣게 만든 유황오리 전문점에게도, 까만 은그릇을 다시 되돌리는 방법을 몰랐던 미끄러져 용역업체에게도 모두 잘못이 있었음을 선고합니다.

판결 후 대정금 유황오리 전문점은 '은그릇이 까맣게 변하는 것은 유황 때문이니 안심하고 드세요.' 라는 홍보 글을 올렸고, 미끄러져 용역업체는 암모니아수를 사용하여 은그릇을 더욱 깨끗하게 닦았다.

# 설익은 과일

덜 익은 과일이 시고 떫은 이유는 무엇일까요?

'채식, 그 아름다운 식사.'

'채식으로 늘씬한 몸 가꾸기.'

'채식주의자들의 저녁식사.'

'웰빙 시대 – 채식을 말하다.'

언제부터인가 과학공화국에서는 근래 온 나라를 떠들썩하게 했던 용삼아 열풍 이후 최대의 열풍이라는 채식 열풍이 불었다. 뚱뚱한 여자 연예인의 대명사 옹주연이 채식으로 살을 빼서 쭉쭉빵빵한 몸매가 되었다는 소문이 퍼지면서 너도 나도 채식을 하기 시작했다. 매일같이 늘씬한 여자 연예인들의 다양한 채식 방법 비디오가 쏟아져 나왔고, 서점가에는 채식에 대한 책들이 넘쳐났다. 그리고 방송사에서는 채식에 대한 특별 프로그램까지 만들었다. 물론 그 특별 프로그램의 주인공은 채식 열풍을 일으킨 여자 연예인 옹주연이었다.

"안녕하세요, 시청자 여러분. '채식, 당신도 할 수 있다'의 옹주연입니다. 이렇게 큰 프로그램의 진행을 맡게 되어 정말 영광입니다."

'채식, 당신도 할 수 있다'는 시청률 60퍼센트에 육박하는 인기 프로그램이 되었고, 같은 시간에 방영되는 프로그램은 한 자리 수 시청률을 벗어나지 못했다.

"오늘은 과일 샐러드에 대해서 알아보겠습니다. 샐러드 요리 전문가이신 세러드 씨를 모시겠습니다."

우아한 정장을 입은 세러드가 옹주연 옆에 앉았다.

"세러드 씨, 과일 샐러드가 좋은 건 알겠는데, 과연 어떤 점이 좋은 건가요?"

"여러 종류의 과일을 먹으면 갖가지 과일에 들어 있는 여러 가지 영양분을 골고루 섭취할 수 있기 때문에, 우리 몸 구석구석에 좋은 영향을 끼치게 되죠. 거기다 과일이 피부에 좋다는 건 여성분들이라면 다 아시는 사실이죠?"

이 프로그램이 방송된 후 과일 샐러드를 파는 가게에 손님들이 많아졌다. 그중 상큼한 감각의 인테리어와 깔끔한 과일 샐러드로 전국에 체인점을 연 레드딸기에는 여느 과일 샐러드 가게보다 훨

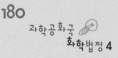

씬 많은 손님들이 찾아왔다. 덕분에 레드딸기 본점 사장인 곽일주
는 매일 돈 세는 재미에 푹 빠졌다. 그러다 보니 영업 도중 과일이
떨어지는 사태가 종종 발생하였다.

"사장님, 과일이 다 떨어져 가요."

"이거 큰일인데, 재고 없어?"

"재고마저 바닥이 보이고 있어요. 매일 아침 산지 직송인데 내일
아침까지 기다릴 수 없잖아요."

그때 곽일주의 눈에 창문 너머로 조그마한 과일 가게가 하나 보
였다.

"저기 과일 가게가 생겼었나?"

"네, 얼마 전에 열었는데요, 손님이 뜸한 것 같더라고요."

"그렇군. 그럼 저기 가서 과일 좀 사 오지."

"하지만 사장님, 검증되지 않은 과일인데 맛이 안 좋으면 어쩌시
려고요."

"급하잖아. 일단 저기서 사 와."

직원인 소시미는 더익어 과일 가게로 뛰어갔다. 그곳 주인인 박
파야가 소시미를 반갑게 맞이하였다.

"손님, 어서 오세요. 어떤 과일을 드릴까요?"

"종류별로 여섯 박스씩 주세요. 과일은 신선하죠?"

"예, 당연하죠. 제가 직접 농장에서 사 오는걸요."

소시미는 과일을 사는 즉시 곧장 가게로 달려가 샐러드를 만들

어 팔았다. 그러나 그것은 실수였다.

"어머, 과일이 왜 이렇게 시지? 윽! 난 신 거 못 먹는데."

"악, 이 부러지는 줄 알았네. 이건 너무 딱딱해."

"퉤퉤, 아 떫어. 감도 덜 익은 것 같아. 이거 왜 이래?"

"여기 돈 좀 벌었다고 너무 변한 거 아냐? 이런 곳 진짜 짜증나."

손님들의 불만이 높아져 환불해 달라는 손님도 속출했다.

"소시미! 이거 어떻게 된 거야? 도대체 과일 상태가 어떤데 환불까지 해 달라는 거야?"

"분명히 다 신선한 과일들이었는데……."

곽일주는 잔뜩 화가 나 새로 사 온 과일들을 일일이 점검했다. 그런데 과일들이 모두 하나같이 덜 익은 것이었다.

"장사 하루 이틀 해? 과일 보는 눈이 있는 거야, 없는 거야? 전부 덜 익었잖아!"

"죄송합니다. 제 실수였습니다."

"이 일을 어쩔 거야? 손님들 입소문이 제일 무서운 거 몰라? 아, 뒷골 당겨."

곽일주는 얼굴이 붉어지면서 뒷목을 잡았다. 소시미가 잔뜩 겁에 질린 목소리로 조용히 말하였다.

"분명 과일 가게 주인이 농장에서 직접 가져온 신선한 거라고 했는데……."

곽일주는 눈을 번쩍 뜨고 소시미를 쏘아 보며 말했다.

"당장 앞장서. 남의 장사 망치게 한 녀석 얼굴 좀 보자."

소시미는 몸을 잔뜩 움츠리고 소심하게 걸어갔고, 곽일주는 분에 못 이겨 씩씩거리며 걸었다. 박파야는 그들을 반갑게 맞이하였다.

"아까 과일 많이 사 가신 손님 맞죠? 과일 맛 좋죠?"

"과일 맛이 좋기는 뭐가 좋아!"

곽일주는 버럭 소리를 질렀다. 그 소리에 박파야가 깜짝 놀라며 말했다.

"손님, 갑자기 왜 소리는 지르고 그러세요. 이래 뵈도 제가 일일이 농장을 다 돌면서 사 온 것들이라고요."

"과일 장사를 하려면 과일 보는 눈이 있던가. 덜 익은 과일들을 사다 팔면 어쩌자는 거요?"

박파야는 속으로 뜨끔했다. 사실 인터넷으로 값싼 과일들만 주문했기 때문이다. 그러나 침착하게 말했다.

"어휴, 그래도 신선하잖아요. 덜 익었으면 익혀서 먹으면 되고."

"그게 문제가 아니잖소. 당신 때문에 우리 가게 장사를 망쳤단 말입니다! 이를 어쩔 거요? 당장 손해배상 하세요."

박파야가 눈을 동그랗게 뜨고 말했다.

"왜 제가 손해배상을 해야 하죠? 과일을 보지도 않고 사 간 건 그쪽이잖아요."

"덜 익은 과일을 신선하다고 속여서 판 당신 잘못이지. 화학법정에 당신을 고소하겠어요."

덜 익은 과일의 신맛을 내는 성분은 바로 유기산입니다.
과일이 익어 가면서 유기산은 염기성 물질로 중화되어
신맛도 사라지게 됩니다.

덜 익은 과일은 왜 시고 단단하고
떫을까요?
화학법정에서 알아봅시다.

 피고 측 변론하세요.

 레드딸기 측에서 과일을 사 갈 때 분명 과일

상태를 확인하지 않았습니다. 그리고 과일이

덜 익었는지 알맞게 익었는지 어떻게 압니까? 더익어 과일 가

게의 주인 박파야 씨는 그저 레드딸기에서 달라는 대로 과일을

주었을 뿐입니다. 따라서 박파야 씨에게는 잘못이 없습니다.

 원고 측 변론하세요.

 과일 전문가 이존기 씨를 증인으로 요청합니다.

흘러내리는 머리를 쓸어 올리며 석류처럼 빨간색 옷을
입은 이존기 씨가 증인석에 앉았다.

 덜 익은 과일과 잘 익은 과일의 차이점은 무엇인가요?

 모두들 경험해 봐서 알겠지만 덜 익은 과일은 시면서 단단하

고 떫습니다. 그러나 이런 과일이 익으면 달고 무르며 향기도

좋아지죠.

 덜 익은 과일은 왜 실까요?

생과일에 있는 유기산 때문에 그렇습니다.

유기산이라, 산 종류인가요? 자세히 설명해 주십시오.

산 종류라고 보시면 됩니다. 예를 들어 포도에는 포도산, 레몬에는 레몬산 등이 들어 있죠.

과일이 익으면 유기산은 어떻게 되나요?

유기산이 변하면서 산이 가진 성질이 사라집니다. 즉 신맛이 사라지는 것이죠.

산의 성질이 어떻게 변하나요?

과일이 익어 가면 유기산은 염기성 물질로 중화됩니다. 따라서 과일의 당분이 높아지고 신맛이 덜해지는 것이죠.

그러면 덜 익은 과일 중에 떫은맛을 내는 과일은 어떤 성분 때문입니까?

떫은 과일은 타닌산을 가지고 있습니다.

그런 과일은 익으면서 타닌산이 없어지겠군요.

그렇습니다. 과일이 익으면서 타닌산이 산화되고 떫은맛이

---

### 신맛의 밀감이나 한라봉 달게 먹는 방법

- 상온에서는 햇빛이 들지 않는 냉방에 마르지 않게 15~40일 정도 이상 보관했다가 먹으면 신맛이 없어지고 단맛을 느낄 수 있습니다.
- 고온(30도)에서 48시간을 뒀다가 꺼내어 상온에서 5일 정도, 또는 온돌방에서 10일 정도 두면 신맛이 거의 없어집니다.

사라지는 것이죠.

 과일은 덜 익었을 때 시고 단단하며 떫은맛이 납니다. 그런 과일은 익으면서 달고 무르게 변하며 좋은 향기가 납니다. 이는 덜 익은 과일 속의 유기산들이 염기성으로 중화되면서 나타나는 현상입니다. 만약 더익어 과일 가게에서 덜 익은 과일의 이런 특성을 알았더라면 판매하지 말아야 했을 것입니다. 따라서 더익어 과일 가게에 잘못이 있다고 주장하는 바입니다.

 판결하겠습니다. 덜 익은 과일은 유기산 때문에 시고 단단하며 떫은맛이 납니다. 그래서 사람들이 먹기에 조금 힘들 것입니다. 그러나 이런 과일들이 익으면 달고 무르며 좋은 향기가 납니다. 즉, 과일이 익었는지 안 익었는지 조금만 신경 써서 살펴본다면 금방 알 수 있을 것입니다. 과일 가게를 하면서 덜 익은 과일인지 확인하는 방법조차 모르는 더익어 과일 가게에도 잘못이 있고, 덜 익은 과일을 확인도 하지 않고 사 간 레드딸기 측에도 잘못이 있음을 선고합니다.

판결 후, 레드딸기에서는 과일을 살 때 반드시 익은 과일인지 아닌지 꼼꼼히 확인하고 구입하였다. 또한 대대적인 광고를 통해 다시 손님이 몰려들게 하였다. 더익어 과일 가게도 익은 과일을 들여와 손님들이 예전보다 많아졌다.

# 웰빙 식초 미용실

머리를 감을 때 식초를 사용하면 왜 부드러워질까요?

"야야, 어서 와. 이게 몇 년 만인지 모르겠다."
고등학교 동창인 허영이와 소박해는 거의 10년 만에 만났다. 고등학교 졸업 후 한허영은 다른 지역 대학으로 진학했고 소박해는 고향인 주진에 있는 대학에 진학했다. 그 이후 서로 만날 시간이 별로 없어 연락이 뜸해졌다가 최근 '다모여'라는 사이트를 통해 다시 연락을 주고받게 된 것이다.

"야, 너 소울로 가더니만 엄청 세련돼졌다."
"호호, 그러니? 그러는 넌 여전하네."

허영이는 머리끝부터 발끝까지 명품으로 치장했고, 소박해는 길거리 브랜드를 입고 있었다.

"먼 길 오느라 배고팠을 텐데, 우리 고등학교 때 자주 가던 분식집 갈래? 거기 아직도 있어. 신기하지?"

"홍홍, 난 이제 그런 싸구려 음식은 입에 대지 않아. 빅수는 없니? 아니면 아욱빽이나 베니간쑤라든지."

"그런 곳은 없는데……."

"정말, 내가 어떻게 고등학교 때까지 이런 시골 촌구석에서 살았는지 몰라. 저쪽에 그나마 조금 고급스러워 보이는 레스토랑이 하나 있네. 저기라도 가지 뭐."

허영이는 하이힐로 똑딱거리며 걸어갔다. 소박해는 고등학교 시절 자신과 분식집에서 떡볶이와 김밥을 먹으며 이야기를 나누던 소박한 허영이가 자꾸만 아른거렸다.

"설마 레스토랑인데 싸구려 음식이 나오는 건 아니겠지? 후식은 별다방에서 아이스 카푸치노를 마시고 싶은데 별다방은 있니?"

"어어, 별다방은 얼마 전에 생겼어."

"호호, 그래도 이런 촌구석에 별다방은 용케 있네. 하긴 여기 애들이 명품 좀 밝히고 그랬었지."

'지금 네가 그렇게 됐잖아.'

소박해는 그렇게 말해 주고 싶은 걸 꾹 참았다. 친구가 너무 변했다는 생각에 우울해진 소박해는 허영이에게서 반 발자국 정도 떨어져서 걸었다. 그런데 바람에 흩날리는 허영이의 윤기 흐르는 머리카락이 눈부셨다.

"영이야, 너 머릿결 정말 곱다. 어떻게 관리한 거야?"

"그야, 매일 배달사손 미용실에 가서 케어 받아서 그렇지. 그 미용실이 요즘 웰빙 미용실로 뜨고 있거든. 정말 유명 미용실답게 솜씨가 좋더라고. 여기는 그런 거 없지?"

하루가 지나고 허영이는 고속버스를 타고 돌아갔다.

"언제 한번 놀러 와. 내가 구경시켜 줄게. 너도 소울 구경하면 여기 오기 싫을걸? 호호, 그럼 간다."

허영이가 돌아간 후 소박해는 피곤에 지친 몸을 이끌고 집으로 돌아왔다.

"영이는 원래 그런 아이가 아니었는데, 소울로 가면 다 그렇게 되는 건가? 아이, 모르겠다."

소박해가 아침에 보지 못한 신문을 펼치자 신문 사이에 있던 전단지가 쏟아졌다. 전단지 중에는 배달사손 미용실 광고지도 있었다.

"배달사손 미용실 드디어 주진에 상륙? 흠, 영이가 그렇게 자랑하던 곳인데 한번 가 봐야겠네."

소박해는 개업일에 배달사손 미용실을 찾았다. 직원이 90도로 인사하며 그녀를 맞았다.

"사랑과 친절로 정성껏 모시겠습니다, 손님. 어떤 서비스를 원하십니까?"

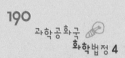

"헤어 케어 좀 받아 볼까 해서요."

"네, 저희 미용실에서 자랑하는 웰빙 헤어 마사지 어떠십니까?"

"아무거나 좋은 걸로 해 주세요."

"이쪽으로 오세요. 마사진 씨 헤어 마사지!"

머리를 무스로 쫙 넘기고 느끼하게 생긴 마사진이 소박해를 맞이하였다.

"어서 오세요, 홍홍. 일단 여기 앉으시고요. 한숨 푹 주무시고 나면 아마 찰랑찰랑한 머릿결로 변해 있을 거예요. 호호."

소박해는 여자처럼 말하는 마사진의 목소리에 닭살이 돋았지만 허영이의 머릿결처럼 될 것 같은 기대감이 그녀를 들뜨게 했다. 소박해는 수건으로 얼굴을 가리고 헤어 마사지를 받았다. 스르르 잠이 들려고 할 때 어디선가 시큼한 냄새가 났다.

"손님, 다 되었어요. 저쪽으로 가서 말리시기만 하면 됩니다."

소박해는 머리를 말리는 도중 자신의 머리에서도 시큼한 냄새가 나는 것을 느꼈다.

"저기요, 왜 머리에서 시큼한 냄새가 나는 거죠?"

"네, 저희 미용실에서는 웰빙 헤어 마사지를 할 때 샴푸를 한 후 식초를 약간 바른답니다."

"네?"

소박해는 너무 놀라 벌떡 일어났다.

"손님, 왜 그러시죠?"

"아니, 사람 머리카락에 식초를 뿌린다고요? 그게 말이 되는 얘기예요?"

"손님, 진정하시고요. 제 말 좀 들어 보세요."

"내 머리카락이 무슨 냉면도 아니고 왜 식초를 뿌려요? 너무 기분 나쁘네요."

"제 말 좀 들어 보세요."

"말 들어 볼 필요도 없어요. 당장 화학법정에 고소하겠어요!"

화가 난 소박해는 화학법정에 배달사손 미용실을 고소하였다.

식초는 린스와 같은 산성이기 때문에
샴푸로 염기성이 된 머리카락을 중화시켜 주는 역할을 합니다.

머리를 감을 때 식초를 쓰는 이유는
무엇일까요?
화학법정에서 알아봅시다.

 원고 측 변론하세요. 변론하세요, 화치 변
호사!

아, 네네.

화치 변호사, 지금 뭐 하고 있습니까?

오늘 점심을 거르는 바람에 초밥을 먹고 있었습니다. 재판이
시작됐는지 몰랐네요.

법정이 무슨 식당입니까? 그리고 원고인 소박해 씨가 노려보
고 있는 거 안 보여요?

헛, 오늘 재판이 식초 때문에 일어난 사건이죠? 전 그저 초밥
이 먹고 싶어서…….

쯧, 언젠가는 큰일 낼 사람이구먼. 변론 안 할 거예요?

할 겁니다. 이 유능한 화치 변호사가 변론을 안 할 리 없죠.
흠흠, 일단 물부터 마시고.

이런 데서 밥을 먹는다고 말이야…… 재판을 뭐로 보는 건
지 원. 어서 하세요.

네, 보통 머리를 감을 때 머리를 깨끗하게 하기 위해 샴푸를
쓰고 머릿결을 부드럽게 하기 위해 린스를 사용합니다. 그러

나 배달사손 미용실은 이런 상식을 무시하고 손님 머리카락에 식초를 사용하였습니다. 원고인 소박해 씨의 표현처럼 손님 머리카락이 무슨 냉면입니까? 아무리 웰빙 시대라고 하지만 이건 상식적으로 이해할 수 없는 행동입니다.

 피고 측 변론하세요.

존경하는 재판장님, 재판장님은 머리를 감을 때 식초를 사용한다는 말을 못 들어 보셨는지요?

글쎄요, 들어 본 것 같기도 한데.

분명히 어디서 한 번쯤 들어 보셨을 겁니다. 헤어용품 개발자 비단결 씨를 증인으로 신청합니다.

비단결 씨가 증인석에 앉지 않고 계속 자신의 눈부신  비단결 머리를 휘두르고 있었다.

증인, 계속 그러고 있으면 안 어지러워요? 보는 내가 다 어지럽네. 어서 자리에 앉으세요.

비단결 씨가 비틀거리며 걸어 나와 증인석에 앉았다.

하시는 일에 대해 말씀해 주세요.

저야 아름답고 눈부신 머릿결을 만들어 줄 신제품을 개발하는 일을 하고 있죠.

보통 샴푸 후에 린스를 사용하면 머릿결이 부드러워지는데, 왜 그런 거죠?

샴푸만 쓰신 적이 있죠? 어떻던가요?

조금 푸석한 느낌이 들었어요.

그렇죠? 그건 샴푸가 염기성이기 때문이에요. 그럼 린스를 사용하면 왜 다시 부드러워질까요?

글쎄요. 미끌미끌한 성분이 머리카락에 달라붙나요?

호호, 재미있는 발상이네요. 린스는 산성이라 염기성인 샴푸와 반응하여 머리가 중성이 되는 거랍니다.

그렇군요. 그러면 린스 대신 식초를 써도 같은 효과가 나나요?

네, 대신 린스처럼 잔뜩 써 버리면 큰일 나요. 호호호.

그럼, 식초를 어느 정도 써야 하나요?

몇 방울이면 충분해요. 식초를 사용하면 린스를 사용한 것과 같이 염기성인 샴푸와 중화반응을 일으켜 머리가 중성이 되고 모발이 아주 건강해진답니다.

샴푸는 염기성이기 때문에 샴푸로만 머리를 감게 되면 약간 푸석한 느낌이 듭니다. 그런데 여기에 산성인 식초를 몇 방울 사용했을 경우 중화반응이 일어나 머리가 중성이 되고 모발이 더욱 건강해지는 것이죠.

샴푸로 머리를 감은 후에 린스를 사용하는 이유는, 샴푸로 인

해 염기성이 된 머리카락을 산성인 린스가 중화반응을 일으켜 중성 상태로 만들기 때문입니다. 그런데 린스 대신 몇 방울의 식초를 사용해도 린스와 거의 같은 효과가 나타납니다. 왜냐하면 식초도 린스와 같은 산성이기 때문이죠. 따라서 식초를 사용한 배달사손 미용실에 잘못이 없음을 판결합니다.

판결 후 배달사손 미용실에는 손님이 더욱 늘었다. 소박해는 창피해서 배달사손 미용실 근처에도 가지 못하였으나 배달사손 측에서 미리 말하지 않은 자신들의 잘못이라며 일주일 동안 헤어 케어를 받을 수 있는 서비스를 제공했다.

# 과학성적 끌어올리기

### 산과 염기

용액에는 여러 가지 종류가 있지요. 식초처럼 신맛을 내는 성질의 용액을 산성 용액이라 하고, 비누처럼 미끌미끌한 성질을 지닌 것을 염기성 용액이라고 불러요.

산성 물질

염기성 물질

두 용액은 리트머스 종이와 페놀프탈레인 용액을 이용해 분류할 수 있지요. 용액을 리트머스 종이에 묻혀 그때 일어나는 색깔 변화를 관찰하면 되니까요. 푸른 리트머스 시험지를 용액에 넣었을 때 붉게 변하면 그 용액은 산성이에요. 그리고 붉은 리트머스 시험지를 용액에 넣었을 때 푸른색으로 변하면 그 용액은 염기성이지요.

또한 페놀프탈레인 용액으로도 산성 용액과 염기성 용액을 구별할 수 있어요. 페놀프탈레인 용액을 넣었을 때 색깔이 변하지 않는 용액은 산성 용액이에요. 그리고 붉게 변하는 용액은 염기성 용액

이지요. 이렇게 산성 용액과 염기성 용액을 구분할 수 있는 것을
지시약이라고 해요.

산 중에서도 아주 강한 산성을 띠는 것을 강산이라고 해요. 강산인 염산, 질산, 황산은 산화력이 아주 커서 사람의 목숨을 빼앗을 수 있을 정도예요. 만일 실수로 강산이 피부에 닿았을 때 가장 좋은 응급조치는 흐르는 물로 계속 씻어 내는 것입니다.

# 기타 화학반응에 관한 사건

# 소다 폭발 사건

소다와 식초가 밀폐된 공간에서 만나면
폭발하는 이유는 무엇일까요?

"후란스 퍼리 유학을 다녀오셨군요. 어느 학교로
다녀오셨습니까?"

"네, 베리굿베이커 스쿨을 나왔습니다."

"오, 그 세계적으로 유명한 제과 기술학교 베리
굿베이커 말씀이신가요? 대단하신 분이군요. 그런데 이런 조그마
한 가게에 오시고, 영광입니다. 허허."

"아니, 뭐 별 것도 아닌데요."

"좋습니다. 내일부터 함께 일해 보도록 합시다."

"고맙습니다."

김사순은 고소해 베이커리에 취직하게 되었다. 유학을 다녀온 뒤 마땅히 일자리를 구하지 못했던 김사순은 자신의 빵집을 차려 볼까도 생각했지만 돈이 없어 결국 자존심을 버리고 조그마한 빵집에 취직한 것이다.

　"안녕하세요, 저는 여기 아르바이트생으로 일하고 있는 학생임입니다."

　"안녕하세요, 생임 씨. 저는 김사순이라고 해요. 아, 그런데 나이가 어떻게 돼요?"

　"아직 대학생이에요."

　"그럼 나보다 나이가 어리네? 나 말 놓아도 되지? 너도 편하게 말 놔. 난 동생이 없어서 동생 하나 갖는 게 소원이었거든."

　"정말? 나도 언니가 없어서 언니가 있었으면 했는데. 이제 사순 언니가 내 언니 하면 되겠네."

　김사순과 학생임은 정말 친자매처럼 지냈고, 조리실에서 수다 떠는 것이 하루 일과가 되어 버렸다.

　"생임아, 그렇게 계속해서 조리실에만 있으면 손님 올 때 누가 받니? 사순 씨도 그래요. 빵 만드는 사람이 입으로 빵을 만드나요?"

　"네네, 알겠어요. 언니, 그거 알아?"

　"뭐?"

　"언니 온 뒤로 제과점이 엄청 잘되고 있어. 그 전에 있던 기술자는 솜씨도 별로 없는데다 일도 잘 안 해서 사장님이 결국 잘랐잖

아. 그런데 언니는 너무 솜씨가 좋은 것 같아. 역시 유학파는 다르다니까."

"야, 그렇게 자꾸 칭찬하면 나 쑥스럽잖아."

"아니야, 진짜라니까."

"생임아, 손님 오셨다."

"네, 나가요. 언니 좀 이따가 봐."

학생임의 말처럼 김사순이 가게에 온 뒤로 고소해 베이커리의 빵은 날개 돋친 듯 팔렸다. 그리고 김사순이 연구해서 내놓은 홍차 케이크와 찹쌀 단팥빵 등의 신제품은 고소해 베이커리의 자랑거리가 되었다.

"아, 언니, 덥다 더워. 그나마 진열대는 에어컨을 틀어서 시원한데 조리실은 덥지? 좀 나와 있어."

"그래야 할 것 같아. 나 조리실에 있다가 탈진하겠다."

무더운 여름이 왔고 이따금 김사순의 야심작 아이스 생크림빵을 찾는 사람을 제외하고는 빵을 찾는 손님도 뜸해졌다.

"올해가 100년 만에 찾아온 더위라잖아. 그래서 무지 더운 것 같아."

"매년 여름만 되면 몇 년 만에 찾아오는 더위라더라. 내년엔 천 년 만에 찾아온 더위라고 하게?"

"하긴 그렇다. 호호, 언니, 점심도 다가오는데 냉면 안 먹을래?"

"어제도 먹었잖아. 아휴, 누가 냉면 킬러 아니랄까봐 또 냉면 먹자고 그러네. 그리고 미안하지만 난 오늘 약속이 있네요."

"에이, 이 불쌍한 동생 혼자 놔두고 가게?"

"어쩔 수 없어. 오랜만에 온 친구라서 말이지."

"알았어, 이 동생이 한 번 봐준다. 대신 맛있는 거 사 오기!"

"그래. 그럼 가게 잘 지키고 있어. 다녀올게."

김사순이 나가고 가게에 혼자 남은 학생임은 냉면을 시켰다. 냉면이 도착하고 식초를 뿌리려는 순간 사장에게서 전화가 왔다.

"조리실에 가서 내 반지가 있는지 좀 찾아봐 줄래? 아까 손 씻는다고 뺀 것 같은데."

"알았어요. 하여튼 사장님은 너무 덜렁대셔서 탈이에요."

학생임은 식초를 들고 조리실에 들어가다가 밀가루 포대에 걸려 넘어지고 말았다. 그런데 그때 식초 통이 소다가 담긴 통에 떨어졌다.

"어쩜 좋아, 어쩜 좋아. 아휴 이 바보. 그래도 다 안 쏟아서 다행이다. 사순 언니는 뚜껑 좀 닫아 놓고 가지."

학생임은 소다 통의 뚜껑을 닫고 이리저리 찾아보았지만 반지는 없었다.

"아, 몰라. 사장님이 알아서 찾으시겠지."

학생임은 다시 나와 냉면을 맛있게 먹었다. 잠시 후, 외출하였던 김사순이 돌아왔다.

"생임아, 너 주려고 초밥 사 왔어."

"아, 냉면 먹어서 배부른데. 그렇지만 난 초밥 먹는 배는 따로 있어. 언니 고마워."

학생임은 초밥을 아주 맛깔스럽게 먹었다. 그때 손으로 부채질을 하면서 사장이 들어왔다.

"생임아, 반지 없었어?"

"없었어요. 아무리 뒤져 봐도 없던걸요?"

"큰일이네. 그거 결혼반지라 잃어버리면 안 되는데. 내가 다시 찾아봐야겠다."

사장은 반지를 찾는다며 조리실 안으로 들어갔고, 학생임은 여전히 초밥을 먹으며 김사순과 이야기를 나누고 있었다. 그런데 바로 그때 갑자기 펑 하고 무언가 터지는 소리가 났다.

"으아악!"

"사장님, 괜찮으세요?"

조리실 안은 엉망이었고 사장은 가루를 잔뜩 뒤집어쓴 채 주저앉아 있었다.

"이게 무슨 일이야? 소다 통 뚜껑이 갑자기 열리면서 휙 날아가던데. 김사순 씨! 어떻게 관리했기에 이런 일이 발생하는 거예요?"

"저도 잘 모르겠어요. 분명 저 나가기 전까지만 해도 괜찮았는데."

"그럼 생임이 네 짓이야?"

"아니에요, 전 반지 찾으려고 조리실 들어온 것밖에는 없어요."

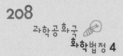

"아, 그럼 뭐 때문이야? 소다 통 안에 폭탄이라도 들어 있었던 거야?"

도저히 폭발 이유를 알 수 없었던 세 사람은 화학법정에 의뢰하기로 하였다.

탄산수소나트륨인 소다가 산 성분의 식초를 만나면
이산화탄소가 발생하게 됩니다.

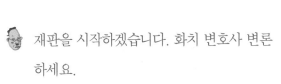

소다 통이 터진 이유는 무엇일까요?
화학법정에서 알아봅시다.

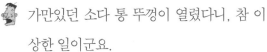 재판을 시작하겠습니다. 화치 변호사 변론
하세요.

 가만있던 소다 통 뚜껑이 열렸다니, 참 이
상한 일이군요.

그러니까 의뢰한 것 아닙니까.

그렇겠죠? 하지만 저는 소다 통 뚜껑이 갑자기 펑 하고 터진
이유를 잘 모르겠습니다.

이번에도 성의 없는 변론이네요. 케미 변호사, 변론하세요.

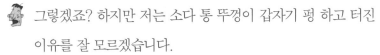 저는 날씨가 더웠다는 점, 학생임 양의 증언에서 소다 통에
식초를 쏟았다는 점을 주목해 봤습니다. 과학공화국 화학연
구회의 스티미 박사를 증인으로 요청합니다.

증기가 솟아오르는 듯한 헤어스타일을 한 스티미 박사가
증인석에 앉았다.

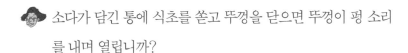 소다가 담긴 통에 식초를 쏟고 뚜껑을 닫으면 뚜껑이 펑 소리
를 내며 열립니까?

네, 충분히 가능한 일입니다.

 왜 그렇죠?

 두 물질 사이의 반응 결과인 생성물 때문이죠.

 생성물이 무엇입니까?

소다와 식초가 반응하면 이산화탄소가 발생합니다. 이 이산화탄소가 뚜껑을 열리게 한 원인입니다.

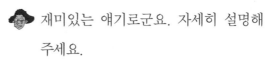 재미있는 얘기로군요. 자세히 설명해 주세요.

소다는 탄산수소나트륨입니다. 이 탄산수소나트륨이 산을 만나면 이산화탄소를 발생시키게 됩니다.

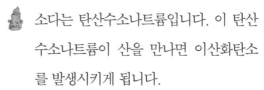 그러면 산의 역할을 한 것이 식초였겠군요.

그렇습니다. 식초는 아세트산을 물에 탄 것이지요.

날씨가 더운 것이 폭발과 무슨 관련이 있을까요?

날씨가 덥다는 것은 온도가 높은 것이지요? 기체는 온도가 높아질수록 부피가 커집니다. 실험을 통해 보여드리지요.

## 깔끔이 소다

소다를 잘 활용하면 우리 생활에 매우 유용하게 쓰일 수 있습니다.

목욕 시 욕조 가득 물을 채우고 $\frac{1}{2}$컵의 베이킹 소다 가루를 풀어 주면 소다가 피부의 산 성분을 중화시키고 피지와 땀을 씻어 줘 피부를 매끄럽게 합니다.

세면 시 세면대에 물을 받고 베이킹 소다 가루를 한 스푼 정도 풀면 모공의 때를 세정하는 효과가 있습니다.

식기 세척기를 작동하기 전에 한 스푼 정도의 베이킹 소다 가루를 안에 뿌려 주면 식기에 배어 있는 냄새를 제거할 수 있습니다.

또한 베이킹 소다 가루를 카펫에 골고루 뿌리고 15분 뒤 진공청소기로 청소를 하면 나쁜 냄새가 제거됩니다.

　　스티미 박사가 풍선을 얼음물에 넣었더니 조금 후 풍선의 부
피가 줄었다. 그 후 뜨거운 물에 풍선을 넣었더니 다시 부피가
커졌다.

얼음 물 　　뜨거운 물

　　이와 같이 기체는 차가운 곳에서는 부피가 줄어들고 뜨거운
곳에서는 부피가 늘어납니다. 소다와 식초가 반응하여 이산
화탄소가 발생하였는데 날씨가 더워 이산화탄소의 부피가
커졌을 것입니다. 그런데 소다 통은 닫힌 공간이기 때문에 통
안의 압력이 높아질 수밖에 없었겠죠. 따라서 높은 압력을 이
겨내지 못하고 소다 통의 뚜껑이 열린 것입니다.

　　식초와 소다가 반응하면 이산화탄소가 발생합니다. 이 이산
화탄소는 온도가 높은 곳에서 부피가 급격하게 커지는데, 만
약 뚜껑을 닫은 통과 같이 막힌 공간이면 공간 안의 압력이
커지게 됩니다. 따라서 이 압력이 뚜껑을 밀어내어 뚜껑이 열

린 것입니다.

 판결하겠습니다. 탄산수소나트륨인 소다와 아세트산인 식초가 만나 이산화탄소를 만들었고, 이 이산화탄소는 더운 여름날 높은 온도로 인해 부피가 커졌습니다. 그러나 소다 통의 뚜껑을 닫아 놓았기 때문에 결국 팽창하는 이산화탄소를 이기지 못한 소다 통 뚜껑이 열린 것입니다. 따라서 소다 통의 뚜껑이 열린 이유는 학생임 양이 쏟은 식초 때문이었습니다.

판결 후 학생임은 냉면을 시켜 먹을 수 없었고 한동안 조리실 출입 금지령이 내려졌다.

# 주스 폭발

마시던 과일 주스 병이 폭발한 이유는 무엇일까요?

"꺅! 오빠. 여기 좀 봐요."

"오빠! 너무 멋져요!"

콘서트가 끝나고 과학공화국의 국민가수 레일이

무대 밖으로 나오자 소녀 팬들이 일제히 레일을 향

해 쫓아왔다. 큰 키에 근육질 몸매, 거기다 귀여운 외모까지 겸비한

최고의 가수 레일은 최근 격렬한 춤과 훌륭한 가창력으로 외국 진

출에도 성공하여 국민가수가 아니라 세계적인 가수가 되었다.

"형, 오늘 스케줄이 어떻게 돼?"

"어, 잡지사 인터뷰 있고, 찾아라! Y맨 녹화, 그리고 콘서트 연습이 있어."

"오늘은 그래도 좀 헐렁하네."

"헐렁한 대신 시간이 많이 걸리는 것들이잖아."

"그러고 보니 그런 것 같다. 끄아, 오늘도 힘내자!"

레일의 하루 일과는 인기에 비례한다고 말할 수 있을 만큼 살인적이었다. 잠도 식사도 대부분 차 안에서 해결하였다. 그래도 레일은 자신의 꿈을 이루게 된 것에 감사하며 하루하루를 즐겁게 살려고 노력했다.

"오늘도 많이 힘들었지? 그래도 오늘은 시간이 좀 비니까 집에 가서 쉬어."

"어, 형도 수고 많이 했어. 그런데 형, 좀 씻고 가라. 형수님이 싫어하시겠다."

"그런가? 그럼 신세 좀 지자."

둘은 지친 몸을 이끌고 집 안으로 들어갔다. 그런데 집 안은 엉망이 되어 있었다. 둘은 너무 놀라 아무 말도 하지 못한 채 서로 바라보고만 있었다.

"뭐야? 도둑인가? 뭐 없어졌는지 잘 찾아봐."

"도둑은 아닌 것 같아. 비싼 가전제품이 그대로 있잖아. 이상한 도둑이네."

"그러게. 텔레비전이나 오디오는 무거워서 그렇다 쳐도, 디카 같은 것도 그대로 있네."

"엇, 내 옷이랑 액세서리가 좀 없어졌어. 이건 또 뭐야?"

레일은 이상한 종이를 한 장 발견했다. 그 종이에는 '레일, 너는 내꺼야'라고 적혀 있었다.

"형, 경찰에 신고해야 하는 거 아냐?"

"이건 경찰에 신고해도 못 잡아. 너 그 얘기 못 들었어? 일레븐도 이런 일 당해서 경찰에 신고했는데 몇 달이 지나도록 못 잡았어. 아무튼 요즘 애들 무서워. 집 알아낸 것도 신기한데 거기다 대담하게 들어와서 남의 물건까지 훔쳐 가고."

레일과 매니저는 우선 집 안을 정리했다. 도둑은 레일의 옷과 장신구만 조금 훔쳐 가고 집 안을 좀 엉망으로 만든 것 외에는 달리 일을 저지르지 않았다. 그러나 레일은 자신이 없을 때 외부 사람이 집에 들어왔다는 사실이 소름 끼쳤다.

"형, 우리 집 또 옮겨야 하는 거 아냐? 내가 없을 때 누군가 집에 들어왔다는 게 왠지 무서워."

"집을 옮기긴 좀 힘들 것 같고, 집 지키는 사람을 고용하면 어떨까? 물론 네가 산다는 것은 비밀로 해야 하니까 집 주인은 나로 해서 말이야."

"형이 알아서 해 줘."

매니저는 다음 날 무역업을 하는 사람인데 사정상 출장을 자주 다녀와야 하므로 자신이 없을 때 집을 봐 줄 사람을 구한다는 구인 광고를 냈다. 그러자 바로 전화가 왔다.

"구인광고를 보고 전화 드렸습니다. 저는 게을러라고 합니다. 이 때까지 파출부 아르바이트를 해서 집을 지키는 것은 물론 청소, 빨래, 요리 모두 다 잘할 수 있습니다."

"남성분이신데 특이한 아르바이트를 하셨군요. 좋습니다. 오늘부터 당장 일해 주세요."

게을러는 이렇게 레일의 집 지키는 사람으로 고용되었다. 물론 게을러는 그 집이 세계적인 가수 레일의 집이라는 것을 몰랐다. 게을러는 아무 일도 하지 않고 집 안을 어슬렁거리며 돌아다녔다.

"이 사람, 음악 마니아인가? 음반이 엄청 많네. 어? 레일 음반이네. 나랑 동갑인데 누구는 이렇게 살고 누구는 세계를 누비는 인기 스타고. 세상 참 불공평하다."

게을러는 레일의 음반을 보며 한탄을 하였다. 그러다 레일의 옷방을 열어 보고는 언제 그랬냐는 듯이 금방 감탄사를 늘어놓았다.

"와, 이 사람 옷 모으기도 취미인가? 뭔 옷이 이렇게 많아? 모자도 많고 신발도 많고, 패션 일하나? 이건 레일 음반에 있던 옷 아냐? 한번 입어 볼까?"

게을러는 레일의 옷과 장신구로 치장을 하고는 거울 앞에 섰다. 그는 레일의 음악을 틀어 놓고 마치 자기가 레일이 된 것처럼 열심히 춤을 추며 그 모습을 동영상으로 찍었다.

"아, 오랜만에 춤추니까 덥네. 연습생 시절 때 게으름만 안 피우고 열심히 했으면 나도 레일처럼 되지 않았을까? 흠, 목말라. 음료수나 마셔야겠다."

게으러는 냉장고를 뒤져 과일 주스를 찾았다. 그는 주스를 컵에 따르지 않고 병째 벌컥벌컥 마시며 걸어가 텔레비전을 켰다. 마침 게으러가 가장 좋아하는 지구철도 888이 방영되고 있어서 주스를 텔레비전 옆에 두고 만화를 시청하였다.

"아, 더워. 이런 무더운 여름날에는 에어컨 바람이 최고야. 에어컨이 있으면 뭐해, 고장 났는데. 좀 고치고 살지 말이야. 하긴 집에 있을 시간이 없으니까 고치나마나지. 부채나 부치고 있어야겠다."

게으러는 시간 가는 줄 모르고 텔레비전을 시청하고 있었다. 텔레비전에서는 레일이 춤추고 노래하고 있었다.

"오늘따라 유난히 레일을 많이 보네. 이상하게 나랑 무슨 연관이 있는 것 같은데…… 희한하네."

게으러는 자신이 생각해도 어이가 없는지 웃고 말았다. 그때 펑하는 소리가 들렸다.

"으악!"

게으러는 너무 놀라 가슴이 벌렁거렸다.

"뭐야, 어떻게 된 거야? 주스에 폭탄이라도 설치해 놓았나? 그나저나 이를 어쩌지?"

텔레비전 옆에 두었던 주스 병이 터지면서 유리 파편과 주스가 범벅이 되어 온 사방에 흩어졌고, 텔레비전도 망가졌다.

"어쩜 좋아. 이 일을 어쩜 좋아."

게을러는 당황하여 우왕좌왕하고 있었다. 일단 청소부터 해야겠다는 생각에 걸레로 주변을 닦고 있는데 매니저가 들어왔다. 그는 엉망이 된 집안 꼴을 보더니 화난 목소리로 말했다.

"게을러 씨, 어떻게 된 거예요? 집 지키고 있으랬지 누가 엉망으로 만들어 놓으라고 했습니까?"

"그게 아니라, 갑자기 주스가 폭발을 했어요."

"주스가 폭발을 하다니, 그게 무슨 말이에요?"

"그러게요. 저도 잘 모르겠어요. 주스에 폭탄이라도 설치된 게 아닐까요?"

"무슨 말도 안 되는 얘기를 하고 있어요! 거기다가 텔레비전까지 망가지고. 어쩌실 겁니까?"

"제 잘못이 아니라니까요. 주스가 터진 걸 저보고 어쩌라고요!"

게을러는 계속해서 자기 잘못이 아니라고 주장하였고, 매니저는 게을러를 화학법정에 고소하였다.

한 번 뚜껑을 연 주스는 미생물이 번식하여 이산화탄소가
발생하므로 더운 여름에는 냉장 보관을 하거나
서늘한 곳에 두어야 합니다. 그렇지 않고 온도가 높은 곳에
장시간 두면 폭발의 위험이 있습니다.

과일 주스가 폭발한 이유는 무엇일까요?
화학법정에서 알아봅시다.

 피고 측 변론하세요.

 잠시만요. 조금 있다 하면 안 될까요?

 무슨 일 있습니까?

 진짜 주스가 폭발하는지 안 하는지 실험하고 있습니다.

 그런 건 재판 전에 집에서 해 보시든가…… 왜 법정에서 이
러고 있습니까?

 판사님도 아시잖습니까, 제가 바쁜 몸인 거.

 계속 그런 식으로 하면 변론할 기회도 주지 않을 겁니다.

 아, 네네. 변론할게요. 제가 이때까지 주스 병이 폭발했다는
소린 들어본 적이 없습니다. 사실 이 사건을 맡고 나서도 믿
을 수 없어서 이렇게 실험해 봤는데 전혀 그런 기미가 보이지
않는군요. 분명 주스에 뭔가 다른 것을 집어넣은 제삼자가 게
을러 씨에게 잘못을 뒤집어씌우려는 것입니다.

 원고 측 변론하세요.

 식품안전의약청의 안전해 연구원을 증인으로 요청합니다.

배가 불룩 튀어나오고 대머리인 50대 남성이 증인석에 앉았다.

주스 병이 폭발할 수도 있습니까?

이런 더운 여름날에는 충분히 가능한 일입니다.

왜 그런 현상이 발생하죠?

주스 병 속에 생긴 이산화탄소 때문입니다. 자료 화면으로 준
비해 온 비디오를 보시죠.

안전해 연구원이 켠 비디오 화면에는 반 정도 주스가 들어 있는
병과 시계, 그리고 온도계가 있었다. 시계는 열두 시를 가리키고
있었고 온도계의 온도는 28도였다.

결과를 보기 위해 비디오를 빨리 돌리도록 하겠습니다.

안전해 연구원이 비디오테이프를 빠르게 감았다. 화면 속 시계가 네 시쯤 가리키자 그때까지 멀쩡하던 주스 병이 갑자기 폭발했다.

놀랍군요. 모든 주스가 그렇습니까?

아닙니다. 뚜껑을 따지 않은 주스는 폭발하지 않습니다.

그러면 한 번 이상 마신 주스가 폭발한다는 말씀입니까? 왜 그렇죠?

네, 주스를 따면 공기 중의 미생물이 주스 안으로 들어가게 됩니다. 이 미생물들은 주스 안에서 번식하여 이산화탄소를 만듭니다. 더운 여름날에는 이산화탄소의 부피가 커지고, 결국 그 압력을 이기지 못해 병이 터지게 되는 것이죠.

미생물이 어떻게 이산화탄소를 만듭니까?

과일 주스에는 영양분이 가득합니다. 미생물은 이 영양분을 먹고 분해하여 이산화탄소를 만들죠.

과일 주스 이외에 위험한 것은 또 없나요?

있지요. 바로 탄산음료입니다. 탄산음료를 더운 곳에 장시간 두었을 경우 음료에 녹아 있던 탄산가스가 밖으로 나오면서 부피가 커지고 결국 폭발하게 됩니다.

과일 주스를 따게 될 경우 공기 중의 미생물이 주스 안으로 들어갑니다. 과일 주스에는 영양분이 많아 미생물이 번식하기 좋고 미생물은 영양분을 먹고 이산화탄소를 만듭니다. 더운 여름날에는 이산화탄소의 부피가 급격히 팽창하고 그 압력을 이기지 못한 주스 병이 터지게 되는 것입니다.

주스를 한 번 따면 미생물이 번식하여 이산화탄소가 발생하므로 더운 여름에는 냉장 보관을 하거나 서늘한 곳에 두어야 합니다. 그렇지 않고 온도가 높은 곳에 장시간 두면 폭발의 위험이 있습니다. 피고인 게을러 씨는 과일 주스를 마시다가 냉장고에 넣지 않고 실온에 놔두어 이산화탄소 부피가 팽창하였고, 결국 주스 병이 터진 것입니다. 그러므로 이번 사건의 모든 잘못은 게을러 씨에게 있음을 판결합니다.

판결 후 게을러는 망가진 가전제품을 변상하기 위해 여러 가지 아르바이트를 할 수밖에 없었다.

# 나트륨 폭탄

나트륨을 물에 넣으면 정말로 폭발할까요?

과학공화국의 관광도시 뷰티풀시에는 시에 걸맞는 아름다운 누이스 호수가 있었다. 말이 호수지 배를 타고 한 바퀴 돌려면 하루가 꼬박 걸릴 정도로 매우 큰 호수였다. 그 호수와 밀접해 있는 태풍의 언덕에는 일 년에 한 번씩 하늘에서 눈부신 빛을 온 몸에 휘감은 아리따운 소녀가 내려와 모두의 눈물을 흘리게 할 만큼 아름다운 노래를 부른다는 전설이 있어서 국내 관광객은 물론 외국 관광객도 많이 찾았다. 누이스 호수는 뷰티풀시와 과학공화국 경제의 주축이라 불리는 컴페니시의 경계선에 있어서 공업용수를 확보하기 쉬운 누이스 호수 근처에 공장을 지으려는 회사들이 많았다. 그러나 누이스 호수의 환경을 보호하려는 뷰티풀시의 허가 조건이 워낙 까다로워 아직까지는 아무도 공장을 짓지 못했다. 나트륨 제조 공장을 차리려는 야심찬이 뷰티풀시의 문을 두드렸다.

"저는 번쩍 빛나 회사의 사장 야심찬이라고 합니다. 누이스 호수 근처에 나트륨 제조 공장을 짓고 싶다고 얼마 전에 연락드렸는데 결과가 어떻게 되었는지 궁금해서요."

"서류는 보내셨습니까?"

"네, 한 달 전에 보냈습니다."

"아, 그렇군요. 잠깐만요. 어제 서류 심사가 통과되었군요. 조만간 시장님과 환경부서에서 회사로 찾아갈 테니 준비해 주세요."

전화를 끊은 야심찬은 너무 기뻐 하늘을 날아갈 것만 같았다. 서류 심사에서 떨어진 회사들이 얼마나 많았던가! 야심찬은 3D 시뮬레이션으로 공장 설계도를 만들라고 지시하였다.

"어서 오세요, 시장님. 만나 뵙게 되어 영광입니다."

"안녕하세요, 야심찬 씨. 준비는 잘 하셨겠죠?"

"물론입니다. 저를 따라오십시오."

야심찬은 직원들과 며칠 밤 고생하여 만든 공장 설계도를 놓고 자세히 설명하였다. 특히 폐수처리 등 환경 문제를 해결할 시설을 강조하였다. 시장과 환경부서 공무원들이 돌아간 후 3일 만에 공장을 지어도 좋다는 허가가 떨어졌다.

"사장님, 우리가 누이스 호수에 최초로 공장을 짓는 회사가 되었군요. 너무나 감격스럽습니다."

"모두들 고생한 덕분이에요. 하지만 아직 기뻐하긴 일러요. 뷰티풀시에서 중간 점검을 자주 나올 테니까요. 그렇지만 오늘이 내 생애 가장 기쁜 날이 될 것 같군요. 모두들 고맙습니다."

처음 나트륨 공장을 지을 때 환경 단체의 반발이 심했지만 그들에게 공장을 견학하게 함으로써 얼마나 안전하고 친환경적인 시설인지 알려주었다. 그리고 호수 옆에 누이스 공원이라는 커다란 공원을 조성함으로써 시민들에게 번쩍 빛나 회사의 좋은 이미지를 심어 주었다.

"야심찬 씨에게 허가 내주길 잘한 것 같아요. 번쩍 빛나 회사가 지어 준 공원과 공장 견학 덕분에 관광객이 더 늘어 관광 수입도 증가했어요. 고맙습니다, 껄껄."

"아닙니다, 시장님. 제가 오히려 감사하지요. 누이스 호수 근처에 공장이 있어서 예전보다 공항과 더욱 가까워 수송 비용이 줄고 수출 건수도 많이 늘어 큰 이익을 보고 있으니까요."

나트륨 공장은 확실히 뷰티풀시에게도, 번쩍 빛나 회사에게도 이익이었다. 고작 벤치와 화장실밖에 없었던 누이스 호수에 거대하고 아름다운 공원이 생김으로써 예전보다 더 많은 관광객이 찾아왔다. 거기다 나트륨 공장은 견학 장소로도 제격이었다. 또, 공장에서 헬기로 5분 정도 가면 공항이 있어 나트륨 공장에서 제조한 금속을 신속하게 수송할 수 있었으므로 그만큼 회사 매출 증가에 큰 영향을 끼쳤다.

"오늘은 많은 양의 나트륨을 실어 날라야 하니까 특별히 신경 쓰도록 하세요."

오늘은 나트륨 수출의 절반을 차지하는 니퐁공화국에 많은 양의 나트륨을 수송해야 하기 때문에 사고가 나지 않도록 최대한 신경 써야 했다. 나트륨 박스를 살펴보던 대충해와 귀얄바는 박스에 약간의 구멍이 있는 것을 발견하였다.

"충해야, 여기 박스에 구멍이 있는데 보고해야 되지 않을까?"

"이 정도 구멍으로는 나트륨이 빠져나오고 싶어도 못 빠져나오겠다."

"그런가? 하지만 작은 나트륨도 있을 거 아냐."

"그럴 리가. 그래도 명색이 수출인데 큰 걸 보내겠지."

"그렇겠지?"

대충해는 큰 나트륨일 테니 이 정도 구멍은 괜찮다고 하였고, 귀얄바는 대충해의 말을 믿었으나 그것이 큰 오산이었다. 네 대의 헬기가 나트륨 박스를 연결해 수송하고 있을 때였다. 누이스 공원 근처에서 헬기 한 대가 갑자기 기우는 바람에 박스가 기울어졌고, 그 구멍으로 많은 양의 나트륨들이 호수 위로 떨어졌다. 호수에서는 폭탄 터지는 소리와 함께 노란 연기가 나면서 물기둥이 치솟았고, 그 모습을 보고 놀란 사람들이 도망가느라 그 일대는 아수라장이 되었다.

　모처럼만에 큰일을 끝내고 편히 쉬고 있던 야심찬은 갑작스러운 시장 전화에 깜짝 놀랐다. 어제 뷰티풀시에서 점검을 나왔었는데 오늘 무슨 일인가 싶었던 것이다. 뷰티풀시 시장의 목소리는 잔뜩 화가 나 있었다.

　"누이스 호수에서 큰 사고가 났어요. 갑자기 폭발음과 함께 노란 연기가 피어오르면서 물기둥이 치솟았다고 하더군요. 그 때문에 사람들이 놀라 피하다가 사고가 났어요."

　"무슨 문제가?"

　"사고가 나기 전 박스를 매달은 헬기 네 대가 지나가는 것을 본 사람이 있다고 하더군요. 이거 번쩍 빛나 회사 헬기가 아닙니까?"

　"저희 회사 헬기가 맞습니다만……."

　"인명 피해만 자그마치 100명입니다! 이 일을 어쩌실 겁니까?"

　"이 사고와 저희 회사가 무슨 관련이 있다는 건지 잘 모르겠네요."

　"그쪽 헬기가 지나갈 때 발생한 일이라고 하지 않습니까?"

　"저희는 상자를 꼼꼼하게 살핍니다. 저희와 상관없는 사고인 것 같네요."

　"뭐라고요? 안 되겠군요. 당신 회사를 화학법정에 고소하겠소."

　뷰티풀시는 번쩍 빛나 회사를 화학법정에 고소하였다.

알칼리 금속이 물과 반응하면 수소 기체를 발생시킵니다.
그런데 그 수소들이 공기 중의 산소와 만나면
급격한 반응을 일으켜 폭발하게 됩니다.

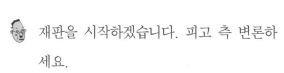

나트륨을 물에 넣으면 어떻게 될까요?
화학법정에서 알아봅시다.

재판을 시작하겠습니다. 피고 측 변론하
세요.

금속은 산 용액에 반응하여 수소 기체를
발생시킵니다. 즉, 금속을 중성인 물에 넣으면 아무 반응도
일어나지 않는다는 말이죠. 따라서 나트륨을 물에 집어넣어
도 아무런 반응이 일어나지 않을 것입니다. 이번 누이스 공원
사건의 원인은 호수에 있을 것으로 생각됩니다.

원고 측 변론하세요.

보통 금속은 물에 넣었을 때 산 용액만큼 반응이 일어나지 않
습니다. 반면에 물에 넣었을 때 폭발적으로 반응하는 금속들
도 있습니다. 금속화학연구소의 번쩍나 박사를 증인으로 요
청합니다.

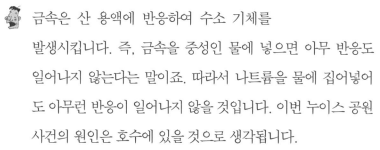

온몸이 번쩍거리는 번쩍나 박사가 증인석에 앉았다.

물에 넣었을 때 반응하는 금속들이 있습니까?

있습니다. 나트륨, 칼륨, 리튬 같은 알칼리 금속들입니다.

이것들을 물에 넣으면 어떤 현상이 나타나죠?

 아주 폭발적인 반응이 나타납니다. 제가 실험으로 보여드리죠.

번쩍나 박사는 세 개의 시험관에 물을 반쯤 넣고 아주 작은 세 종류의 금속을 하나씩 집어넣었다. 모든 시험관에서 폭발적인 반응과 함께 1번 시험관에서는 노란 연기가, 2번 시험관에서는 붉은

연기가, 3번 시험관에서는 보라색 연기가 났다.

금속이 조금만 더 컸더라면 시험관이 터질 수도 있겠어요. 각
각 연기 색깔이 다른데 모두 다른 금속들입니까?

네, 1번은 나트륨, 2번은 리튬, 3번은 칼륨입니다.

폭발이 일어나는 이유는 무엇인가요?

알칼리 금속은 물과 반응하면 수소가 발생합니다. 그런데 그
수소들이 공기 중의 산소와 만나 급격한 반응을 일으켜 폭발
하게 되는 것입니다.

그 밖에 특이한 금속은 없습니까?

마그네슘입니다. 마그네슘의 경우 불을 붙인 후 물속에 넣어
도 계속 타죠.

누이스 호수에서 물기둥이 솟아오르고 노란 연기가 피어오
르는 것은 무엇 때문이라고 생각하십니까?

실험에서 보셨듯이 나트륨이 호수에 떨어져서 일어난 사건
일 것입니다.

알칼리 금속은 물에 넣었을 때 폭발적으로 반응합니다. 또 반
응하면서 색깔을 띤 연기가 발생하는데 나트륨은 노란색, 리
튬은 붉은색, 칼륨은 보라색 연기를 냅니다. 또 제가 알아본
바로는 번쩍 빛나 회사에서 나트륨을 수송할 때 박스에 구멍
이 있었다고 하더군요. 따라서 이번 사건의 잘못은 번쩍 빛나

여기는 화학법정

회사에 있다고 생각합니다.

 판결합니다. 알칼리 금속은 물에 넣었을 때 고유의 색깔을 띤 연기를 내면서 폭발적으로 반응합니다. 이번 누이스 호수 사건에서 나트륨을 담은 상자에 구멍이 있었다는 점과, 호수에서 노란색 연기를 내며 물기둥이 치솟아 오르고 폭발음이 들렸다는 것으로 봐서 폭발의 원인은 나트륨일 것으로 확신합니다. 그러므로 이번 사건에 원인을 제공한 쪽은 번쩍 빛나 회사임을 선고합니다.

236
과학공화국
화학법정 4

# 새로운 벽지

비타민C로 요오드가 묻은 벽지를 깨끗하게 할 수 있을까요?

억척녀는 자신의 집을 갖는 것이 소원이었다. 어렸을 적 아버지의 사업 부도로 단칸방을 전전해야 했고, 결혼을 한 후에도 남편이 샐러리맨이라 월세 신세를 면치 못했다. 억척녀는 어렸을 때부터 몸에 밴 근검절약 정신으로 억척같이 돈을 모으고 시장에서 식당 일을 하기도 했지만, 겨우 전셋집을 얻을 수 있었을 뿐 내 집 마련은 아득히 먼 꿈일 뿐이었다.

어느 날 주인도 집에 일찍 가고 혼자서 식당을 정리하려는데 남루한 차림의 남자가 한 명 들어왔다.

"저기 너무 배가 고파서 그런데 찬밥 한 덩이라도 좋으니 좀 주시면 안 될까요?"

억척녀는 남자를 난로 옆에 앉혀 놓고 곧 따뜻한 국밥을 내왔다. 억척녀는 어렸을 때 식당 앞을 지나면서 굶주린 배를 움켜잡았던 기억 때문에 종종 찾아오는 거지를 내치지 않고 사장님 몰래 밥을 먹여 보내곤 했다.

"젊은 사람이 어쩌다 이렇게…… 쯧쯧. 내가 밥 많이 넣었으니 천천히 먹어요. 그리고 가끔씩 배고프면 이 시간쯤 오면 돼요. 사장님 계실 땐 곤란하니까."

허겁지겁 밥을 먹던 거지는 다 먹은 뒤 연신 고맙다고 고개 숙여 인사하며 가게를 나섰다. 억척녀는 거지를 보낸 뒤 가게를 정리하고 집으로 향했다. 추운 날씨 때문에 걸음이 빨라진 억척녀는 길가에 떨어진 종이를 한 장 주웠다. 그것은 과학공화국에서 판매하는 최대의 복권 루또였다.

"인생역전이라고 불리는 루또네. 벼락 맞을 확률보다 1등할 확률이 더 낮다고 하던데. 당첨일이 오늘이네? 집에 가서 이거나 맞춰 볼까?"

억척녀는 복권을 들고 집으로 왔다. 남편은 차라리 한 장 사지 괜한 걸 주워 왔다고 핀잔을 주었지만 궁금했는지 당장 신문을 들고 왔다.

"가만 보자, 숫자가…… 어, 1등이야! 1등!"

"진짜? 에이, 거짓말하지 마라."

"진짜라니까, 안 믿어지면 네가 확인해 봐."

억척녀는 눈을 씻고 다시 살펴보았지만 1등이 확실했다. 어떤 이들은 착하게 산 억척녀가 복 받은 거라고 했고, 어떤 이들은 우연일 뿐이라고 질투하였다. 어쨌든 이 복권 한 장 덕분에 억척녀는 그렇게 소원하던 내 집 마련을 하게 되었다. 땅을 사고 그 위에 동화에나 나올 법한 예쁜 집을 짓고 마당에는 각종 야채들과 꽃들을 심었다. 억척녀는 세상을 다 얻은 기분으로 하루하루를 살았다.

어느 날, 고향 친구인 한시샘이 아들을 데리고 억척녀의 집에 놀러 왔다.

"어머, 정말 예쁜 집이야. 부럽다, 애. 복권 1등 돼서 이런 집에서 살 수 있다니, 하늘에 감사해야겠는걸! 호호."

사실 한시샘의 속은 질투로 부글부글 끓고 있었다. 어린 시절 부잣집 딸인 자신을 공주처럼 떠받들던 무수리 같은 억척녀가 이런 좋은 집에서 살고 있다는 것이 못마땅했다.

"만해야, 엄마 친구한테 인사해야지."

한시샘의 아들 산만해는 건성으로 인사한 뒤 마당 이곳저곳을 뛰어다니며 마당에 있는 개를 약 올리고 있었다.

"미안, 우리 아들이 워낙 산만해서 나도 통제 못할 정도라니까."

"괜찮아, 우리 애들도 저만할 때는 다 저랬는걸."

"그래도 늦둥이라서 얼마나 귀여운지 몰라."

"어서 들어가자. 배고프지? 내가 맛있는 점심 해 줄게."

"그래, 10년 넘게 식당에서 일했다며? 그 솜씨 좀 보자. 호호."

한시샘은 뛰어다니는 아들을 겨우 잡아 집 안으로 들어갔다. 눈이 부시도록 멋진 집안 인테리어에 한시샘의 속은 더욱 부글부글 끓었다.

"안이 더 멋진 것 같다. 나도 복권 하나 사야겠네."

"잠시만 거기 앉아 과일이라도 먹고 있어. 금방 밥 차려 줄게."

억척녀는 마당 밭에서 따 온 야채들로 맛있는 쌈밥을 차려 주었다. 점심을 다 먹고 난 뒤 억척녀가 치우는 동안 한시샘은 얼굴을 찡그리며 주변을 둘러보았다.

"누구는 돈벼락 맞아서 이런 좋은 집에서 살고. 난 뭐야. 아우, 배 아파."

"어디 불편한 데라도 있어?"

차를 내오던 억척녀가 걱정스러운 얼굴로 한시샘에게 물었다. 한시샘은 화들짝 놀라며 배를 움켜잡고 말했다.

"아, 배가 좀 아파서. 화장실이 어디니?"

"저쪽 계단 밑에 있어."

한시샘이 화장실에 간 사이 산만해는 온 집 안을 휘젓고 다녔다. 누구 방이랄 것도 없이 들어가 서랍을 뒤지고 다니던 산만해는 빨간색 소독약을 발견했다.

"물감인가? 좋아!"

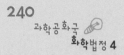

산만해는 1층으로 내려와 가장 넓어 보이는 벽에 그림을 그리기 시작했다. 그러자 이를 본 억척녀가 아이를 크게 나무랐다.

"이 녀석, 남의 집 벽에다 낙서를 하면 어쩌니?"

"엄마, 엉엉."

산만해는 크게 울기 시작했고, 그 소리를 들은 한시샘이 부리나케 달려왔다.

"네가 뭔데 남의 애를 울리고 그러니?"

"이것 봐. 벽에 낙서를 했잖아. 이거 얼마 전에 새로 도배한 거란 말이야."

"그깟 벽지가 뭐라고 우리 소중한 만해를 울려?"

"이거 남편이 회사에서 가져온 한정판 벽지란 말이야. 이제 어쩔 거야?"

"어머, 돈 앞에서는 친구고 뭐고 없다, 이거니?"

"뭐라고? 그러면 남의 집 벽에 낙서한 애는 도대체 뭐니?"

"어머머!"

"어서 변상해!"

"못 해!"

두 여인은 서로 옥신각신하다가 화학법정에 고소하기에 이르렀다.

빨간 소독약은 요오드라는 물질의 용액으로
이 요오드에 비타민C를 뿌리면 이온으로 변해
투명한 색으로 변하게 됩니다.

여기는 화학법정

요오드가 묻은 벽지를 깨끗하게 할
수 있을까요
화학법정에서 알아봅시다.

 원고 측 변론하세요.

 원고인 억척녀 씨는 남편 회사를 통해 얼
마 팔지 않는다는 값비싼 한정판 벽지를
구입하였습니다. 그런데 그 벽지에 지울 수 없는 낙서를 한
산만해 군에게 화가 나는 것은 당연한 일입니다. 따라서 한시
샘 씨는 벽지 값을 물어내야 합니다.

 피고 측 변론하세요.

 물론 남의 집에 가서 값 비싼 벽지에 낙서를 한 아이에게도
잘못은 있습니다. 하지만 낙서를 무엇으로 했느냐에 따라 배
상을 해야 하느냐 안 해도 되느냐를 따지면 될 것입니다. 과
학대학교 화학과 나괴짜 교수를 증인으로 요청합니다.

동그란 안경을 쓰고 부스스한 머리를 한 나괴짜 교수가
증인석에 앉았다.

 벽지에 아이가 낙서한 빨간 소독약을 지울 수 있습니까?

 가루 비타민C가 있다면 깨끗이 지울 수 있습니다.

어떻게 비타민C로 그것을 지울 수 있죠?

빨간 소독약은 요오드라는 물질입니다. 이 요오드에 비타민C를 뿌리면 투명한 색으로 변하게 됩니다.

그러면 벽지에 가루 비타민C를 그냥 바르면 되나요?

아닙니다. 가루 비타민C를 물에 녹여 스프레이로 뿌려야 합니다.

어떤 원리로 없어지게 되는 건가요?

요오드 분자는 보라색을 띠는데 비타민C와 반응하면 요오드 분자가 요오드 이온이 됩니다. 요오드 이온은 무색이므로 결과적으로 벽지의 낙서가 사라지는 것이죠.

빨간 소독약은 우리가 찰과상을 입었을 때 소독약으로 쓰는 것입니다. 이 소독약은 요오드 성분인데, 이 요오드는 비타민C와 반응하면 이온으로 변해 무색이 됩니다. 벽지의 낙서는 비타민C로 충분히 없앨 수 있으므로 벽지 값을 배상할 필요가 없습니다.

요오드는 보라색을 띠는 물질로써 물에 녹여 소독약으로 많이 사용합니다. 이것 때문에 벽지에 얼룩이 졌을 때 가루 비타민C를 물에 녹여 뿌리면 이온으로 바뀌어 얼룩이 지워집니다. 그렇기 때문에 손해 배상은 안 해도 되지만 남의 집에 가서 벽지를 흠집 낸 아이의 잘못이 이 사건의 원인이므로 아이를 혼내지 않고 오히려 감싼 한시샘에게 이 얼룩을 지우라

고 명령하는 바입니다.

판결 후, 한시샘 씨는 툴툴거리며 벽지의 얼룩을 지웠다. 그때 또다시 산만해가 옆에서 그림을 그려 지우는 데 꽤 많은 시간이 걸렸다.

# 은박지와 은

껌 종이에 정말로 은이 섞여 있을까요?

은나노로 이 닦으세요. 당신의 건강한 치아를 책임지는 하우징 치약.

여러 버전으로 계속 반복되어 사람을 질리게 만든 하우징 치약 광고는 비록 올해 최악의 광고로 선정되긴 했지만 과학공화국 국민들에게 은나노가 사람 몸에 좋다는 인식을 심어 주었다.

"확실히 은나노 이불을 쓰니 아침에 몸이 더 개운한 거 있죠?"

"전 은나노가 장착된 정수기를 쓰는데 일반 정수기보다 더 깨끗한 물이 나오는 것 같아요."

"어머, 전 은나노 팩을 쓰는데, 확실히 피부가 고와져서 10년은 더 젊어 보인다는 소리를 들어요. 호호."

이렇듯 과학공화국에서는 은나노 침구, 은나노 옷, 은나노 화장품 등 은나노 제품이 사람들 사이에서 크게 유행하였다.

"안녕하십니까, 마케팅부 팀장 김깜짝입니다. 오늘 발표할 신제품은 은나노를 입힌 종이로 싼 껌입니다. 최근 은제품의 유행에 합류하여 껌을 씹는 동시에 건강을 챙긴다는 취지입니다."

과학공화국의 최대 제과식품 기업인 로떼리에서는 마케팅부가 내놓은 신제품을 놓고 회의를 하고 있었다. 은나노 제품에 대한 사람들의 좋은 인식이 널리 퍼지면서 은으로 만든 종이에 껌을 싸면 어떻겠냐는 아이디어였지만 여기저기서 부정적인 의견이 많이 나왔다.

"은을 종이에 입히려면 그만한 기술이 있어야 하는데 우리 회사에 그런 기술력이 있습니까?"

"은으로 종이를 싸면 그만큼 가격이 올라가게 됩니다. 그렇게 되면 독특한 맛이 아닌 이상 소비자들이 우리 껌을 사게 될까요?"

"아직 검증되지 않은 은을 건강에 좋다고 광고했다가 만약 아니면 돌아올 피해는 어떻게 감당할 겁니까?"

김깜짝은 정신이 아득해졌다. 지난 몇 달간 모든 부원들이 합심해서 짠 아이디어였기에 여기서 무산되면 부원들의 사기가 떨어질 것이 분명했기 때문이다.

"그런데 다른 회사들은 정말 은나노를 사용한답니까?"

그 의견에 휩쓸려 다들 의문을 던졌다. 아무리 은이 싸졌다고는 하지만 그래도 다른 것에 비하면 가격이 비쌌기 때문이다. 거기다 눈에 보이지 않는 나노 입자로 만들었다니. 갑자기 회의장은 신제품 회의가 아닌 은나노 제품에 진짜 은나노가 들어갔는가를 두고 토론을 벌이는 토론장이 되었다.

"우리 집은 은나노 가루가 섞였다는 세제를 쓰는데요. 솔직히 때가 잘 빠지는지는 모르겠어요."

"우리 집은 은나노 프라이팬을 사용하거든요. 그런데 다른 프라이팬이랑 뭐가 다르다는 건지 알 수가 없어요."

"그래도 전 은나노 베개가 좋은 것 같던데요. 아닌가?"

모두들 웅성웅성 자신들이 사용하는 은나노 제품에 대해 이야기를 나눴다. 그때 이사가 책상을 탕탕 치며 말했다.

"다른 회사들이 정말 은나노를 썼는지에 관한 회의를 하자고 모인 게 아니잖습니까. 우리도 은종이로 승부합시다."

"하지만 이사님……."

"내 말을 끝까지 들어 보세요."

이사는 자신의 의견을 말했고 모두들 그 의견에 동조했다. 한 달 후, 로페리에서는 '실버껌' 이라는 신제품을 내놓았다.

"상큼한 자연의 향과 은으로 건강을 챙기세요. 실버껌!"

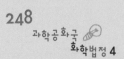

실버껌은 조금 비싸긴 했지만 사람들 사이에서 꽤 인기가 좋았다. 거기다 '실버껌 속의 행운을 잡아라!'라는 경품 행사까지 실시해 실버껌을 찾는 사람이 더 많아졌다. 화학을 전공하는 대학생 난궁금해도 실버껌을 애용하는 사람 중 하나였다.

"금해야, 껌 하나 없어?"

"있어. 하나 줄까?"

"어, 또 실버껌이야? 넌 무슨 실버껌 만드는 사람 같다. 늘 실버껌이야."

"사실은 경품이 타고 싶어서. 하하. 건강에 좋다고 하잖아."

"실버껌 다섯 통 살 돈으로 이 불쌍한 친구 밥 좀 사 줘라."

"너 돈 많잖아. 참, 오늘 화학 실험 어디서 하더라?"

"공동 실험 실습관에서 하잖아. 빨리 가자."

난궁금해는 화학 실험 수업에 들어갔다. 오늘 실험의 주제는 금속의 반응성이었다.

"염산을 넣고 각각의 금속을 넣으세요. 염산 다룰 때 조심하시고 금속은 함부로 손으로 만지지 마세요."

조교의 설명에 따라 실험을 하던 난궁금해는 문득 은종이가 생각났다.

"은종이니까 당연히 반응하지 않겠지?"

난궁금해는 조교 몰래 은종이를 염산에 넣었다. 그런데 염산과 은종이가 반응하는 것이 아닌가!

"진짜 은이라면 반응하지 않는 게 정상인데. 이건 사기야!"

난궁금해는 은종이라고 속인 로떼리를 화학법정에 고소했다.

은은 산과 잘 반응하지 않는 금속 중 하나입니다.

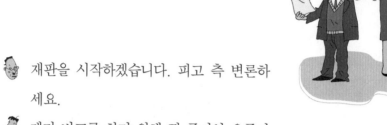

**껌 종이는 은으로 되어 있을까요?**
화학법정에서 알아봅시다.

재판을 시작하겠습니다. 피고 측 변론하
세요.

제가 비교를 하기 위해 껌 종이인 은종이
와 은반지를 가지고 왔습니다. 척 보면 은종이와 은반지는 서
로 똑같은 색깔이고 반짝거리는 정도도 똑같습니다. 그러므
로 껌 종이는 은종이인 것이 확실합니다.

뭔가 이상한 변론이군요.

뭐가요? 그럼 판사님이 보시기에 두 개가 다르다는 말씀이
신지?

비슷하긴 하지만…… 에헴, 원고 측 변론하세요.

우리가 은과 비슷하다고 해서 흔히 은종이라고 부르지만 과
연 은종이를 은으로 만들까요? 식품포장 연구가 이뻐라 씨를
증인으로 요청합니다.

리본을 잔뜩 가져온 이뻐라 씨가 판사는 물론 변호사들까
지도 리본으로 장식하려고 하였다.

 이뻐라 씨, 계속 그러시면 퇴장시킬 겁니다. 어서 증인석에
앉으세요.

이뻐라 씨가 살짝 토라진 얼굴을 하고 증인석에 앉았다.

하시는 일에 대해서 말씀해 주세요.

저는 식품을 가장 효율적이고 아름답게 포장하기 위한 기술
을 연구하고 있어요.

우리가 흔히 껌 종이를 은종이라고 하는데 은으로 만든 것이
맞습니까?

아뇨, 껌 종이에는 은이 없어요. 사실 알루미늄 포일이죠.

왜 알루미늄 포일을 사용하는 건가요?

알루미늄 포일을 사용하게 되면 껌의 향기를 보존하고 온도,
습도로부터 껌을 보호하죠. 또 우리가 은종이라고 생각할 만
큼의 시각적 효과도 높이고요.

만약 종이로만 포장할 경우에는 어떻게 될까요?

어머, 끔찍해요. 왜냐하면 더울 때 껌이 들러붙을 테니까요.

네, 감사합니다. 재판장님 공화고등학교 화학교사 서리번 씨
를 증인으로 한 번 더 요청합니다.

깔끔한 정장을 입은 30대의 여성이 증인석에 앉았다.

이 종이가 은으로 만든 것이지 아닌지 어떻게 알 수 있나요?

간단한 실험으로 알 수 있습니다. 일단 염산을 담은 시험관에 진짜 은과 은종이를 각각 넣어 보도록 하겠습니다.

서리번 선생님이 시험관에 은과 은종이를 넣었다. 은은 아무 변화가 없었지만 은종이는 염산에 반응하고 있었다.

여기서 은종이는 알루미늄 포일인데요, 이 은종이는 염산과 반응해서 수소 기체를 발생시킵니다.

🧑 은은 아무런 변화가 없는데 은종이는 반응을 하고 있군요.

🧑 네, 은종이가 은이 아니라는 증거지요. 은은 산과 잘 반응하지 않는 금속 중 하나입니다. 만약 껌 종이가 은으로 되어 있었다면 반응하지 않아야죠.

🧑 껌 종이는 껌을 보호하기 위하여 알루미늄 포일을 사용합니다. 그리고 이 알루미늄 포일은 마치 은과 같이 생겨서 우리가 흔히 은종이라고 부릅니다. 하지만 실험에서 보았듯이 은종이는 은이 아니었고, 따라서 로떼리의 신제품 '실버껌'에는 은이 사용되지 않았습니다.

🧑 판결합니다. 껌 종이는 향을 보존하고 온도, 습도로부터 껌을 보호하기 위해 알루미늄 포일을 사용하는데, 이 알루미늄 포일은 시각적으로 은처럼 보여서 은종이라고 부릅니다. 이번 로떼리에서 신제품으로 나온 '실버껌'은 은으로 종이를 만들었다고 하였지만, 실험 결과 그것은 은이 아니었습니다. 따라서 은으로 만든 종이를 사용하였다는 것은 거짓말입니다.

판결 후, 방송 매체마다 은제품에 대한 허상을 고발하는 프로그램이 방영되었고, 로떼리의 '실버껌'은 슬그머니 사라졌다.

# 불타는 태양

태양은 어떻게 산소가 없는 우주에서 불타고 있을까요?

"야, 오늘 우리 회사에 낙하산 하나 들어왔다며?"

"응. 사장님의 먼 친척이라던가? 낙하산이라고 해도 인글란도에 유학까지 다녀왔다더라."

"그런데 그 학교는 돈만 주면 들어가는 학교라던데?"

"그래? 그러면 큰일이다. 그런 사람이 우리 회사 기획실에 들어왔으니 말이야."

어린이를 위한 과학 동화를 제작하는 키즈럽 출판사에 다어벙이라는 신입사원이 들어왔다. 직원들이 모여 수군거리는 대로 다어

병은 출판사 사장의 사돈의 팔촌이었고, 돈만 기부하면 다 들어갈 수 있다는 돈조아대학 화학과를 꼴찌로 졸업했다. 그런 그를 받아 줄 실험실이나 회사는 당연히 없었다. 그래서 그나마 연고자가 있는 키즈럽 출판사에 취직하게 된 것이다.

"안녕하세요, 다어벙입니다. 앞으로 잘 지내 봅시다."

기획실 분위기는 썰렁했다. 다어벙이 분위기에 적응하지 못해 우물쭈물하고 있는데 기획실장이 다어벙을 불렀다.

"여기가 다어벙 씨의 자리예요. 우리 기획실은 잘 알다시피 어떤 책을 낼 것인가 기획하는 부서라 아이디어가 생명이에요."

"아이디어 하면 다어벙, 다어벙 하면 아이디어입니다. 걱정 마십시오."

"앞으로 다어벙 씨가 할 일은 화학에 관련된 과학 동화를 기획하는 일이에요. 여기 함께 일할 직원들이니 인사하세요."

기획실 직원들은 건성으로 인사를 나눴다. 다어벙이 낙하산으로 들어온 사람이라 그런 것이기도 하지만, 신입사원을 챙길 여유도 없이 바빴기 때문이다.

"자, 그러면 여기 앉아서 일을 시작하세요. 궁금한 것이 있으면 주위 직원들에게 물어보시고요."

기획실장은 부장실로 돌아갔다. 다어벙은 첫날이라 무엇을 해야 할지 몰라 주위를 쭉 살폈다. 화학 관련 책을 읽는 사람도 있고, 인터넷 사이트를 뒤지는 사람도 있었으며, 과학 관련 신문을 읽는 사람도 있었다.

"저기요, 전 뭘 하면 되나요?"

다어벙은 용기를 내어 옆 사람에게 물어보았다. 그러자 옆 사람은 다어벙을 쳐다보지도 않고 툭 던지듯이 말했다.

"아이디어 얻을 만한 일을 하시면 돼요."

다어벙은 그 대답을 듣자 더욱 혼란스러웠다. 아이디어를 어디에서 얻으란 말인가? 곰곰이 생각하다 그는 결국 자신이 즐겨 찾는 만화 사이트에 가서 만화를 보기로 했다. 다어벙이 킥킥거리며 만화를 보고 있는데 지나가던 다른 직원들이 한마디씩 던졌다.

"회사에서 만화나 보고 있고, 사장 친척이면 다야?"

다어벙은 무안해져서 얼른 사이트의 창을 닫아 버렸다. 그는 책이라도 읽어야겠다는 생각에 이때까지 키즈럽에서 낸 어린이 과학동화를 쭉 둘러보았다. 그러다가 《불이 타고 있어요》라는 책을 뽑아 들었다.

"이거 참 재미있네. 진작 책이나 읽을걸."

이 책은 연소 과정을 쉽게 설명하는 동화였는데 책 안에는 '불은 산소가 없으면 살 수 없어요'라는 구절이 있었다.

"산소가 없으면 살 수 없다니. 참 재미있는 표현이네. 당연하지. 물질이 타려면 당근 산소가 필요하지."

다어벙은 《불이 타고 있어요》를 다 읽고 태양계를 다룬 《태양이네 집》을 뽑아 읽었다. 그 책에는 '태양이의 몸은 매우 뜨거워서 다

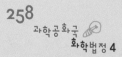

가가면 모두 녹아 버릴지도 몰라요.' 라는 구절과 함께 이글거리는 태양의 그림이 있었다.

"태양이 불타고 있네. 그러면 우주에도 산소가 있다는 건가?"

다어벙은 《태양이네 집》을 다 읽고 나서 《우주여행》이라는 책을 읽었다. 그 책에는 '우주여행을 하려면 산소통이 꼭 필요해요. 왜냐하면 우주에는 산소가 없어서 숨을 못 쉬기 때문이지요.' 라는 구절이 있었다. 책을 읽던 다어벙은 갑자기 궁금증이 생겼다. 분명 연소를 하려면 산소가 있어야 하는데 태양은 산소가 없는 우주에서 불타고 있으니 말이다. 그래서 책을 잘못 만들었다고 생각한 다어벙은 기획실장을 찾아가 자신있게 말했다.

"여기 잘못 만들어진 책이 있어요."

기획실장이 깜짝 놀라 물었다.

"뭐가 잘못되었다는 겁니까?"

"연소할 때는 반드시 산소가 있어야 한다고 했는데 태양은 산소 없는 우주에서 불타고 있잖아요."

"그 부분에 대해서는 저도 어떻게 설명해야 할지 모르겠네요. 하지만 책은 잘못 만들어지지 않았습니다. 만약 그랬다면 우리 책을 감수해 주는 과학학회에서 무슨 지적이 있었겠지요."

기획실장 방을 나온 다어벙은 과학학회부터 잘못되었다고 생각했다. 그래서 즉시 과학학회에 전화를 걸었다.

"네, 과학공화국 과학학회입니다."

"저는 키즈럽 출판사 기획실에서 일하는 다어벙이라고 합니다. 뭔가 과학학회에서 착각하시는 게 있는 것 같아 전화 드렸습니다."

"그게 뭡니까?"

"물질이 연소할 때는 산소가 있어야 하는데, 산소가 하나도 없는 우주에서 어떻게 태양이 불탄단 말입니까? 이건 말도 안 돼요."

전화를 받던 학회 사람이 갑자기 크게 웃었다. 다어벙은 그 웃음소리가 자신을 비웃는 것 같아 기분이 나빠졌다.

"왜 웃으시는 거죠? 제 말이 틀렸나요?"

"죄송합니다. 그런데 대학에서 무얼 전공하셨죠? 제가 알기로는 키즈럽 출판사 기획실은 과학 전공자 아니면 안 뽑는 걸로 아는데."

"화학을 전공했습니다."

"그런데 그런 엉뚱한 생각을 하셨어요? 아니면 절 웃기시려고 유머를 하시나?"

"제가 뭘 어쨌다는 거죠?"

"키즈럽 출판사 그렇게 안 봤는데 이렇게 과학 상식이 없는 사람을 기획실에서 뽑다니. 아무튼 결론부터 말하자면 다어벙 씨의 생각은 틀렸어요."

"제 생각이 왜 틀린 거죠?"

"설명하자면 길어요. 직접 찾아보시든가. 죄송하지만 저는 이만 바빠서 끊겠습니다."

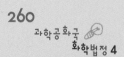

과학학회 사람은 대답도 해 주지 않은 채 전화를 끊었고, 이에
화가 난 다어벙은 화학법정에 시시비비를 의뢰하기로 하였다.

연소란 물질이 일정 온도를 넘었을 때
공기 중의 산소와 결합하여 '빛'과 '열'을 내는 현상입니다.

태양은 어떻게 우주 속에서 불타고
있을까요?
화학법정에서 알아봅시다.

 원고 측 변론하세요.

 물질이 타려면 탈 물질, 산소, 일정 이상의
온도가 필요합니다. 그런데 산소가 전혀
없는 우주 공간에서 태양이 불타오르고 있다는 것은 있을 수
없는 일입니다. 따라서 다어벙 씨의 말이 맞다고 생각합니다.

 피고 측 변론하세요.

 핵 발전 연구소 소장인 중심임 박사를 증인으로 신청합니다.

'중심' 이라는 글씨가 새겨진 실험복을 입은 중심임 박사가
증인석에 앉았다.

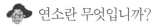

 연소란 무엇입니까?

 연소는 물질이 일정 온도를 넘었을 때 공기 중의 산소와 결합
하여 빛과 열을 내는 현상입니다. 연소의 3요소는 탈 물질,
일정 이상의 온도, 산소입니다. 이 세 가지 요소 중에 어느 것
하나라도 빠지면 연소는 이루어지지 않습니다.

그렇다면 우주에는 산소가 없는데 어떻게 태양이 불타고 있

는 것이지요?

태양은 우리가 말하는 연소의 개념으로 설명할 수 없습니다. 정확히 우리가 앞에서 말한 방법으로 불타는 것이 아니거든요.

태양이 빛과 열을 내면서 타는 것은 무엇 때문일까요?

태양 내 플라스마 상태의 수소 핵들이 달라붙어 헬륨 핵을 만드는 핵융합 과정에 의해 에너지가 발생하고, 그 에너지가 빛과 열을 만드는 것입니다.

플라스마는 무엇인가요?

우리가 물질의 상태를 말할 때 흔히 고체, 액체, 기체라고 하는데 이 셋에 포함되지 않는 상태의 물질이라고 보면 됩니다.

그러면 태양이 연소하고 있다는 말은 틀린 것이군요.

그렇습니다. 태양이 연소하고 있다는 말 대신 핵융합을 하고 있다는 말을 써야 할 것입니다.

물질이 연소할 때는 탈 물질, 일정 이상의 온도, 산소가 있어야 합니다. 그래서 산소가 없는 우주 공간에서 태양이 어떻게 타냐고 생각하기 쉬운데 태양은 연소하는 것이 아니라 핵융합을 하고 있는 것입니다. 따라서 다이빙 씨의 의견은 틀린 것입니다.

판결하겠습니다. 태양은 플라스마 상태의 수소 핵들이 달라붙어 헬륨 핵을 만드는 핵융합 과정에 의해 발생한 에너지가

빛과 열을 내는 것입니다. 따라서 물질이 일정 이상의 온도로
올라가 공기 중의 산소와 결합하여 빛과 열을 내는 연소와는
다른 개념으로 이해하셔야 할 것입니다.

판결이 내려진 후 다어벙 씨는 다른 부서로 옮기게 되었다. 하지
만 여전히 그 부서에서도 실수가 잦아 사원들로부터 따가운 눈총
을 받아야 했다.

# 과자 봉지와 질소

과자 봉지에 질소를 넣는 이유는 무엇일까요?

김깐깐 씨는 세심하기로 유명한 사람이었다. 그래
서 김깐깐 씨 부하직원들은 여간 피곤한 것이 아
니었다.

"김깐깐 부장님은 너무 완벽을 추구하셔. 그래
서 일은 확실히 배우지만, 일하는 동안 스트레스가 장난이 아냐."

"은근히 머리 숱 작으신 그 부장님 말하는 거지? 나도 익히 소문
은 들어 알고 있어."

"너희 팀 은근히 장난 아니라던데, 괜찮아?"

"우리는 야근이 장난 아냐. 진짜 집에 언제 가 봤는지도 모르겠어."

이런 김깐깐 씨의 세심함은 어린 시절의 기억에서부터 시작되었다. 김깐깐 씨는 유달리 과자를 좋아했다. 새로운 과자가 나왔다 하면 꼭 사 먹어 봐야만 직성이 풀렸다. 하지만 김깐깐 씨에겐 좋지 않은 습관이 하나 있었는데, 그것은 바로 유통기한을 잘 보지 않는다는 것이었다.

　"깐깐아, 너 과자 너무 많이 먹는 것도 맘에 안 드는데 거기다 유통기한까지 안 보고 막 먹으면 탈난다."

　"아냐, 엄마 나 유통기한 보고 먹는다니까."

　"너 어제도 유통기한 지난 과자 먹었던데?"

　"이제부터는 유통기한 살피고 먹을게요. 너무 맛있어 보이면 나도 정신을 못 차린다니까요."

　하지만 김깐깐 씨의 습관은 쉽게 바뀌지 않았다. 김깐깐 씨는 여전히 맛있는 과자를 보면 손이 먼저 갔다.

　"여보, 우리 깐깐이 과자 많이 먹는 것도 속상한데, 유통기한도 안 살피고 막 먹으니 이를 어째요."

　"녀석이 아무리 주의를 줘도 맛있는 과자만 보면 정신을 못 차리니 큰일이야."

　"매일 따라다닐 수도 없는 노릇이고, 정말 어떻게 해야 좋을지 모르겠어요."

　"좀 더 생각해 보도록 합시다. 녀석이 과자 말고 딴 걸 좀 먹어야 할 텐데…… 어떻게 녀석에게서 과자를 멀어지게 하나."

"난 그것까진 바라지도 않아. 유통기한이라도 살피고 먹으면 좋겠어."

부모님의 걱정은 날이 갈수록 더해졌다. 지금까지는 탈이 난 적이 없었지만 혹여나 유통기한이 지난 음식을 먹다가 탈이라도 나지 않을까 걱정이 이만저만 아니었다.

그러던 어느 날이었다. 그날도 김깐깐 씨는 과자를 한 아름 안고 집으로 돌아왔다. 이미 현관에 들어서는 순간 깐깐 씨는 과자 봉지를 까서 과자를 입에 털어 넣고 있었다. 깐깐 씨가 사 온 과자가 얼마나 많았던지 깐깐 씨는 한동안 과자를 먹느라 정신이 없었다. 손에 들고 있던 과자를 다 먹고 나서야 깐깐 씨는 가방을 풀었다.

"아~~ 역시 과자는 맛있단 말이야. 이제 좀 씻어야겠다."

과자를 다 먹은 김깐깐 씨가 한숨 돌리고 있었다. 그런데 오늘은 과자를 먹고 나서 배가 좀 이상하다고 느꼈다. 그러나 김깐깐 씨는 과자를 너무 많이 먹어 배가 불러 그런 거라고 생각하며 대수롭지 않게 여겼다. 과자를 먹은 후 텔레비전을 시청하고 있던 김깐깐 씨는 아까부터 조금씩 아파 오던 배가 심하게 꼬이는 듯한 느낌을 받았다.

"아이고, 배야. 아이고, 배야. 엄마 나 살려."

김깐깐 씨는 배를 잡고 마루에서 데구르르 굴렀다.

"헉, 헉, 아이고 배야."

이마에서는 땀이 비 오듯 흐르고 있었다. 때마침 들어 온 김깐깐 씨의 엄마는 그 광경을 보고 깜짝 놀랐다.

"깐깐아, 깐깐아, 애가 왜 이래?"

엄마를 본 깐깐 씨는 안심이 되었는지 기절을 하고 말았다. 놀란 엄마는 깐깐 씨를 서둘러 업고 근처 병원으로 향했다.

"선생님 애가 왜 이러는 거죠? 배를 잡고 땀을 뻘뻘 흘리더니 기절해 버렸어요."

"배를 쥐고 있었습니까? 그럼 탈이 난 것 같은데, 우선 봅시다."

의사 선생님은 깐깐 씨의 배를 여기저기 눌러 보았다. 배를 누를 때마다 깐깐 씨의 배가 터질 것만 같았다.

"병원 오기 전에 뭐 먹은 것 있나요?"

"워낙 과자를 좋아해서요. 과자를 자주 먹는데, 오늘도 아마 그랬을 거예요."

"그럼 그 과자 봉지 좀 가져와 주시겠어요? 아무래도 검사를 몇 가지 해 봐야겠습니다."

의사 선생님이 깐깐 씨를 진료하는 동안 엄마는 집에 가서 깐깐 씨가 먹은 과자 봉지를 다 가지고 병원으로 왔다. 엄마는 의사 선생님에게 달려가서 과자 봉지를 내밀었다.

"선생님, 우리 아이는 괜찮은가요?"

"네, 우선 필요한 검사는 들어갔고, 아이는 안정을 시켰어요. 과자 봉지 좀 볼까요?"

깐깐 씨의 엄마가 내민 과자 봉지를 본 의사 선생님은 무엇이 문제인지 알겠다는 듯 고개를 끄덕였다.

"어머님, 제가 드리는 말씀 잘 들으세요. 아이는 지금 식중독에 걸린 듯합니다. 아무래도 날짜 지난 과자를 너무 급하게 먹어서 그런 것 같습니다. 그래도 빨리 와서 다행입니다."

"어머나…… 흑흑."

"다른 화학 약품이 들어가지 않은 음식도 식중독에 걸리면 상당히 위험할 수 있는데, 과자처럼 인공 조미료가 많이 들어간 상품은 더더욱 몸에 안 좋죠. 아이가 과자 먹는 걸 조심시키셔야겠어요."

그래도 이제는 편안해진 깐깐 씨를 보자 엄마는 안도의 한숨을 쉴 수 있었다. 깐깐 씨는 일주일 동안 학교도 가지 못하고 꼼짝없이 치료를 받아야 했다.

"김깐깐! 너 앞으로도 과자 유통기한 확인 안 하고 먹을래?"

"나 과자 때문에 그렇게 아팠던 거야?"

"그래, 엄마가 음식 가려 먹으라고 했지? 유통기한이 일 년이나 지난 과자를 먹어 버렸으니 몸에 탈이 안 나?"

"엄마, 배가 찢어질 듯이 아팠어요."

"그러니까 앞으로는 유통기한 꼭 확인하고 먹어. 되도록 과자는 줄이고. 알았지?"

퇴원한 깐깐 씨는 그날 이후로 뭐든 조심하는 버릇이 생겼다. 아는 길도 물어서 가는 것이 습관처럼 되어 버렸다. 하지만 그렇게 과자 때문에 고생을 하고도 깐깐 씨는 과자를 완전히 끊지는 못했다. 대신 어떤 과자를 사건 꼼꼼하게 체크하는 버릇이 생겼다. 그래서 이제는 과자 하나를 사더라도 뒤에 나와 있는 식품 첨가물까지 살피게 되었다. 그 후로 이런 깐깐 씨의 버릇은 모든 생활 전반에서 나타났다. 이렇게 되자 주변 사람들이 피곤해졌다. 사사건건 체크하다 보니 깐깐 씨의 행동이 많이 느려졌기 때문이다.

"깐깐이가 과자 때문에 고생하더니 꼼꼼해진 건 좋은데 너무 깐깐해졌어요. 조금 유연해질 필요도 있는데 말이야."

"그래도 유통기한 상관 않고 마구 먹어서 탈나는 것보다는 훨씬 낫지, 뭐."

부모님은 깐깐 씨가 걱정되지 않는 것은 아니었지만, 그래도 꼼꼼한 것이 살아가는 데 도움이 될 거라는 생각에 그냥 놔두기로 했다.

그렇게 어른이 된 깐깐 씨는 일을 처리하는 데 있어서도 여간 깐깐한 것이 아니었다. 조금만 여유를 부리려고 해도 그때의 기억이 떠올라 조심스러웠다. 이런 깐깐 씨의 모습에 유설렁 씨는 완전 반해 버렸다. 두 사람은 서로에게 없는 점을 가진 모습이 더 좋았다.

결혼한 두 사람에게는 아들이 하나 있었다. 유설렁 씨는 워낙 일을 설렁설렁 해서 아이들을 기르는 데 있어서도 오히려 깐깐 씨가 더 나았다. 아이들 장난감은 물론이거니와 교육까지도 깐깐 씨가 거의 도맡아서 했다.

그러던 어느 날 깐깐 씨가 퇴근길에 아들 과자를 사기 위해 가게에 들어갔다. 깐깐한 깐깐 씨는 과자 하나 고르는 데만도 시간이 여간 걸리는 게 아니었다.

어찌나 오랫동안 과자를 골랐던지 점원이 흘끗거리며 눈치를 주었다. 하지만 이에 전혀 아랑곳하지 않고 한참 동안 고르고 서 있던 깐깐 씨가 골라 든 것은 머거칩이라는 과자였다.

"이거 처음 보는 과잔데, 괜찮겠어."

처음 보는 과자라 눈에 들었던 깐깐 씨는 제품 설명서를 자세히 읽어 보았다. 그런데 설명서가 쓰여 있는 봉지 표면에 '이 안에는 질소가 들어 있음' 이라는 글이 씌어 있었다.

"질소는 사람 숨을 못 쉬게 하는 기체잖아. 그런데 이런 기체를 과자 안에 넣다니! 더군다나 아이들이 먹는 음식에! 탈이라도 나면 어쩌려고?"

과자 때문에 호되게 당한 적 있던 깐깐 씨는 조금이라도 이상한 과자 회사는 용서할 수가 없었다. 결국 화가 난 깐깐 씨는 과자 회사를 화학법정에 고소하기로 했다.

과자 봉지 안에 질소를 넣는 이유는 산소를 차단시켜
음식물의 변질을 막고, 봉지 안의 압력을 높여
내용물이 부서지는 것을 방지하기 위해서입니다.

**과자 봉지에 질소를 넣는 이유는 무엇일까요?**
화학법정에서 알아봅시다.

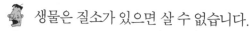

재판을 시작하겠습니다. 원고 측 변론하세요.

생물은 질소가 있으면 살 수 없습니다.

한 번도 들어보지 못한 얘기군요. 증거가 있습니까?

판사님이 그러실 것 같아서 제가 실험을 통해 보여드리려고 준비해 왔습니다.

화치 변호사가 유리 상자와 조그마한 개구리를 한 마리 가져왔다.

이 유리 상자에는 질소가 가득 차 있습니다. 개구리를 넣어 보도록 하겠습니다.

화치 변호사가 개구리를 상자에 재빠르게 집어넣었다. 상자 안의 개구리는 잠시 후 죽었다.

이 실험에서 보셨듯이 질소가 가득한 공간에서 개구리는 죽었습니다. 즉, 질소는 독가스라는 이야기입니다. 이런 나쁜 가스

를 과자 속에 넣다니! 과자 회사는 처벌 받아야 마땅합니다!

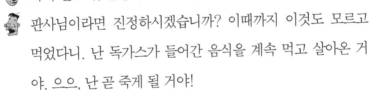

화치 변호사, 진정하세요.

판사님이라면 진정하시겠습니까? 이때까지 이것도 모르고 먹었다니. 난 독가스가 들어간 음식을 계속 먹고 살아온 거야. 으으, 난 곧 죽게 될 거야!

못 말리겠군. 피고 측 변론하세요.

과학공화국 화학협회 천재인 박사를 증인으로 요청합니다.

큰 안경을 쓰고 머리가 약간 벗겨진 천재인 박사가 증인
석에 앉았다.


원고 측에서 보여준 실험에 대해서 어떻게 생각하십니까?

완전히 잘못된 실험입니다. 저런 실험 방법이라면 독가스가
아니더라도 다 죽었을 것입니다.

왜 그렇죠?

생물이 살기 위해서는 산소가 필요한데 산소 없이 질소만 가
득 넣었으니 개구리가 숨을 쉬지 못해 죽는 건 당연하지 않습
니까?

그러면 질소는 독가스가 아니라는 말이군요.

그렇습니다. 질소가 독가스였다면 지구상의 모든 생물들이
다 죽었을 겁니다.

왜 그렇습니까?

질소는 공기의 약 80퍼센트를 차지하고 있습니다. 생물이 호
흡할 때 공기 중의 산소만 들어가는 것이 아니라 질소도 같이
들어갑니다. 그 후 몸속에서 산소는 쓰고 질소는 밖으로 배출
되는 것이죠.

그렇군요. 그러면 질소를 과자 봉지에 넣는 이유는 무엇일까요?

음식물을 상하지 않게 하기 위해서입니다.

어떻게 상하지 않게 하죠?

음식물이 상하는 이유 중 가장 흔한 것은 공기 중의 산소와 음식물이 반응하여 음식물이 변질되거나 음식물 속에 미생물이 산소를 이용해 번식하기 때문입니다.

음식물에 산소를 차단시키면 상하지 않겠군요.

그렇습니다, 그래서 산소가 아예 들어오지 못하도록 봉지 속에 다른 기체를 사용하는데, 이때 흔히 쓰는 것이 질소입니다.

질소는 음식물을 상하게 하지 않나요?

그렇습니다. 질소는 음식물과 잘 반응하지 않습니다. 그래서 과자 봉지에 넣는 이유 중의 하나인 것이죠.

질소를 넣지 않고 과자 봉지 자체에 공기가 들어가지 않도록 하는 방법도 있지 않을까요?

있습니다. 과자 봉지 안을 진공 상태로 만드는 방법이 있는데, 이 경우는 감자 칩처럼 부서지기 쉬운 과자류 포장에는 쓰이지 않습니다.

왜 그렇죠?

진공으로 만들 경우 안의 내용물이 대기압에 눌리기 때문입니다. 그렇게 되면 내용물이 다 부스러지겠죠.

그런 것들은 질소로 안을 채워야겠군요.

질소로 봉지 안을 채울 경우 봉지 안의 압력이 높아져 대기압에 눌리지 않습니다. 따라서 내용물이 부서지는 것을 막을 수 있는 것이죠.

그러면 질소 말고 다른 기체를 넣는 방법도 있나요?

음식물과 잘 반응하지 않는 아르곤, 네온, 헬륨 같은 기체들을 넣는 방법이 있지만 이들은 가격이 너무 비쌉니다. 그래서 공기에서 쉽게 얻을 수 있는 질소를 사용하는 것입니다.

공기 중의 80퍼센트는 질소로 이루어져 있으며 이들은 생물이 숨을 쉴 때 몸속으로 들어왔다가 내쉴 때 그대로 나갑니다. 즉, 독가스가 아니라는 얘기지요. 또, 음식물을 포장할 때 산소가 들어가면 음식물이 상하기 쉬우므로 산소를 차단해야 하는데 이때 쓰는 방법이 진공 포장과 질소충전 방식입니다. 질소는 음식물과 잘 반응하지 않고 쉽게 구할 수 있기 때문에 많이 사용하는 것입니다. 따라서 과자 회사의 질소충전 방식에는 이상이 없습니다.

판결합니다. 질소는 음식물과 잘 반응하지 않고 공기 중에서 쉽게 구할 수 있다는 장점 때문에 과자 봉지 충전에 많이 쓰입니다. 또, 질소는 인체에 아무런 해를 끼치지 않는 기체이므로 과자 회사에 잘못이 없음을 판결합니다.

판결 후, 김깐깐 씨는 병원을 찾아 자신의 너무 깐깐한 성격을 고치기 위해 노력하였다. 그러나 음식에 대한 깐깐함은 여전히 고칠 수 없었다.

## 여러 가지 화학반응

### 불꽃놀이의 화학

밤하늘을 수놓는 아름다운 불꽃놀이 속에는 어떤 화학이 숨어 있을까요? 우선 불꽃은 왜 여러 가지 색이 날까요? 된장찌개를 끓일 때 국물이 넘쳐 가스레인지의 파란 불꽃에 닿으면 파란 불꽃이 노란색으로 바뀌죠? 이건 된장찌개 속에 식염 성분인 염화나트륨이 있고, 나트륨이 높은 온도에서 노란빛을 내기 때문이죠.

나트륨처럼 가열하면 고유 색깔의 빛만 내는 것을 불꽃 반응이라고 하는데, 어떤 물질의 불꽃 반응인가에 따라 색깔이 달라지죠. 예를 들어 구리는 청록색, 스트론튬은 짙은 빨강색, 바륨은 황록색, 칼슘은 주황색 빛을 내지요. 이들 금속 화합물들을 화약에 섞어 두면 불꽃이 터질 때 각자 고유의 색깔 빛을 내는 것이죠. 그래서 불꽃놀이 때 여러 가지 색깔이 나타나는 거예요.

# 과학성적 끌어올리기

## 붉은색 벽돌이 많은 이유

벽돌이 붉은색인 것은 흙 속에 철이 있기 때문입니다. 흙은 원래 붉은색이 아닌데 가마에서 벽돌을 구울 때 흙 속의 철과 산소가 만나 철이 녹슬어 산화철이 되는 것이지요. 이때 산화철의 색깔이 붉은색을 띤답니다.

## 성냥의 발명

성냥은 1805년 샬셀이 발명했어요. 이 성냥의 성냥개비는 나무 막대기로 만들고 성냥 알은 염소산칼륨과 아라비아고무의 혼합물로 만들었지요. 이 성냥은 사용할 때 성냥 알에 황산을 묻혔어요. 그럼 격렬한 연소 반응이 일어나니까요.

요즘 쓰는 마찰식 성냥은 1827년 영국의 워커가 발명했어요. 성냥 알은 쉽게 불이 붙는 흰 인을 사용했는데, 흰 인은 조금만 열을 받아도 연소하기 때문에 몸에 지닌 성냥이 저절로 연소하면서 사고가 많이 발생했지요. 그래서 지금의 안전성냥이 나오게 된 거예요. 지금의 성냥은 성냥갑 옆에 바른 붉은 인에 성냥 알을 마찰시킬 때만 연소되니까 안전하지요.

# 화학과 친해지세요

이 책을 쓰면서 좀 고민이 되었습니다. 과연 누구를 위해 이 책을 쓸 것인지 난감했거든요. 처음에는 대학생과 성인을 대상으로 쓰려고 했습니다. 그러다 생각을 바꾸었습니다. 화학과 관련된 생활 속 이야기가 초등학생과 중학생에게도 흥미 있을 거라고 생각했기 때문이지요.

초등학생과 중학생은 앞으로 우리나라가 선진국으로 발돋움하기 위해 꼭 필요한 과학 꿈나무들입니다. 그리고 지금과 같은 과학의 시대에 가장 큰 기여를 하게 될 과목이 바로 화학입니다.

하지만 지금 우리의 화학 교육은 직접적인 실험보다는 교과서를 달달 외워 시험을 잘 보는 것에 맞추어져 있습니다. 이러한 환경에서 노벨 화학상 수상자가 나올 수 있을까 하는 의문이 들 정도로 심각한 상황에 놓여 있습니다.

저는 부족하지만 생활 속의 화학을 학생 여러분들의 눈높이에 맞

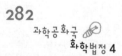

추고 싶었습니다. 화학은 먼 곳에 있는 것이 아니라 바로 우리 주변
에 있으며, 잘 활용하면 매우 유용한 학문이라는 것을 깨닫게 되길
바랍니다.